普通高等教育"十二五"规划教材
普通高等院校工程图学类规划教材

工程制图习题集

薛颂菊　主编

清华大学出版社
北　京

内 容 简 介

本书主要内容有：制图基础知识、投影理论、机械制图、房屋建筑图四部分。其中，点线面和立体截切这两个章节穿插有典型题目分析和题解，以便引导学生正确地思考问题、解决问题。工程制图部分选题典型、实用，加上几个综合训练，便于学生理解和掌握"工程制图"这门课程的实质与精髓。

图书在版编目（CIP）数据

工程制图习题集/薛颂菊主编.--北京：清华大学出版社，2012.9（2025.8重印）
（普通高等院校工程图学类规划教材）
ISBN 978-7-302-29955-4

Ⅰ.①工… Ⅱ.①薛… Ⅲ.①工程制图—高等学校—习题集 Ⅳ.①TB23-44

中国版本图书馆 CIP 数据核字（2012）第 209023 号

责任编辑：杨　倩
封面设计：傅瑞学
责任印制：宋　林

出版发行：清华大学出版社
网　　　址：https://www.tup.com.cn，https://www.wqxuetang.com
地　　　址：北京清华大学学研大厦 A 座
社 总 机：010-83470000
投稿与读者服务：010-62776969，c-service@tup.tsinghua.edu.cn
质量反馈：010-62772015，zhiliang@tup.tsinghua.edu.cn
印 装 者：三河市龙大印装有限公司
经　　　销：全国新华书店
开　　　本：370mm×260mm
版　　　次：2012 年 9 月第 1 版
定　　　价：25.00 元

邮　　编：100084
邮　　购：010-62786544

印　张：8.5
印　次：2025 年 8 月第 10 次印刷

产品编号：049599-02

前　　言

　　这本习题是在考虑目前减课时而不减内容的前提下编写的,并且没有在传统工程制图的基础上,增加计算机绘图的内容,按照两者分开教学的思路进行。适用于建筑类院校及有关院校的机械专业和近机类各专业辅助课堂教学使用,参考授课课时在 40~90 学时范围内。本习题主要有以下几个特点:

　　(1) 选题精简、难易搭配得当。在一次课后作业的布置中,有容易入手的基本题,又有由浅入深的巩固提高题型。

　　(2) 与课堂教学基本保持同步。本习题每个章节编写的顺序不是由易到难,而是适应课堂教学的要求,使每堂课布置的作业难易搭配合理,且集中在一两页内,避免分散、杂乱,不便管理;对于需要加强训练的章节,有一定的题量让学生复习使用,如组合体部分、剖视图部分、零件图读图部分和由装配图拆画零件图部分。

　　(3) 工程图部分选题实用。零件图、装配图、建筑图的选题,基本都是我们日常方便接触到的东西,使学生容易理解和掌握授课宗旨。

　　(4) 正投影理论部分有两道典型题目分析和题解,期望引导初学者正确地分析问题、解决问题。

　　本习题由北京建筑工程学院具有丰富教学经验的教师编写,在出版前期已在本校试用了几个周期,在使用过程中出现的问题、错误基本得到调整和纠正。当然,不可避免地还会存在一些问题,望同行专家和读者批评指正。

　　本习题由薛颂菊主编,参加编写的有薛颂菊、徐瑞洁、杨谆、李冰、张士杰老师。

目　　录

1-1 字体练习(一)。

机械制图技术要求材料尺寸粗糙度　　　螺栓连接测绘装配铸造件倒角半径

表面处理视转均布网纹齿轮模数其余俯侧左　　　金属键销比例序号重量硬软淬火调质弹簧座

0 1 2 3 4 5 6 7 8 9 0 1 2 3 4 5 6 7 8 9　　　*A B C D E F G H I J K L M N O P Q R S T U V W X Y Z*

α β γ δ θ φ σ λ μ π ω Ⅰ Ⅱ Ⅲ Ⅳ Ⅴ Ⅵ Ⅶ Ⅷ Ⅸ Ⅹ Ⅺ Ⅻ　　　*a b c d e f g h i j k l m n o p q r s t u v w x y z*

1-2 字体练习(二)。

锻压主轴斜锥电气沉孔锪平公差值

工称大样塑料铁合金垂直形状距离

全部未剖视断楔块展开柱圆球箱盖温润滑油

检验审核学校专业院系简化高低用国家标准

0 1 2 3 4 5 6 7 8 9 0 1 2 3 4 5 6 7 8 9

ABCDEFGHI JKL MNOPQRSTUVWXYZ

α β γ δ θ φ σ λ μ π ω Ⅰ Ⅱ Ⅲ Ⅳ Ⅴ Ⅵ Ⅶ Ⅷ Ⅸ Ⅹ Ⅺ Ⅻ

abcdefghi jkl mnopqrstuvwxyz

1-3 在指定位置, 按1:1画出所给图形。

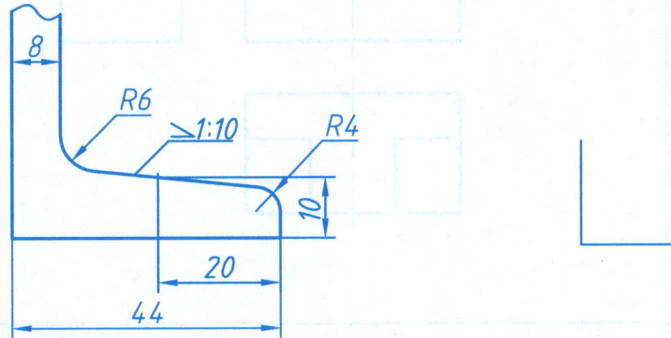

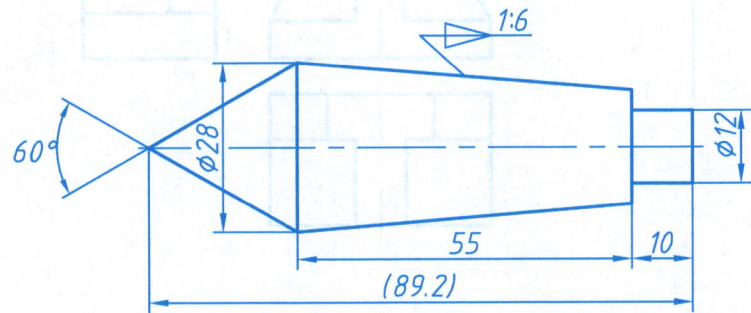

8

R6　　1:10　　R4

10

20

44

60°

Ø28

1:6

Ø12

55

10

(89.2)

1-4 在指定位置用2:1的比例画出下面平面图形。

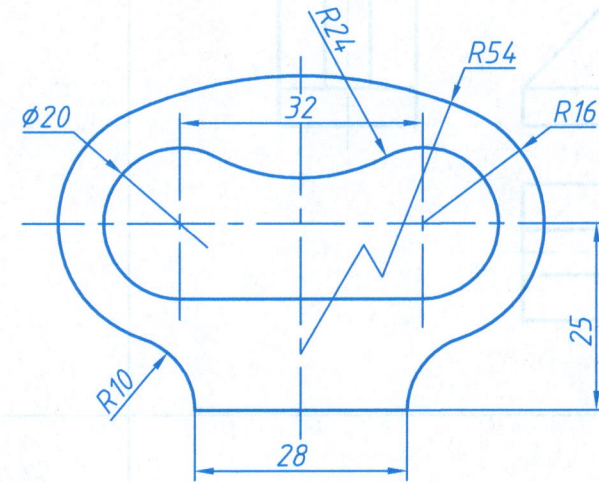

R24

R54

32

R16

Ø20

25

R10

28

2-1 根据轴测图指出相应的三视图。

1.
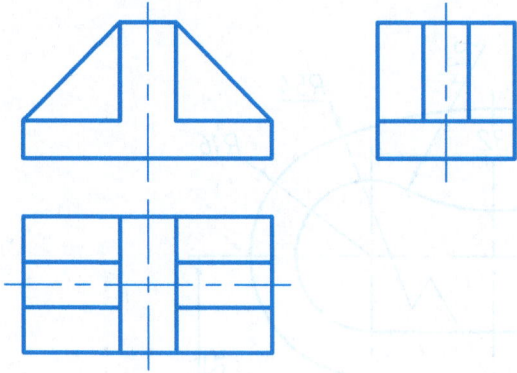

2.
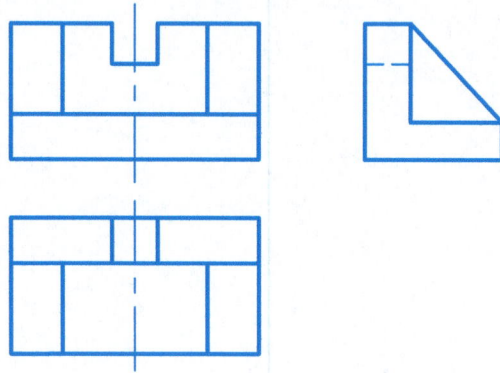

3.
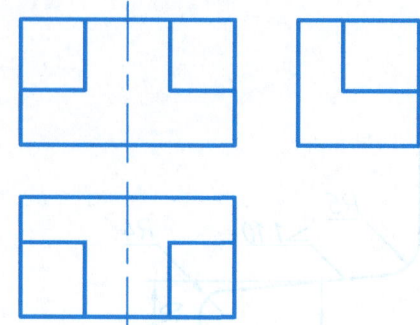

4.
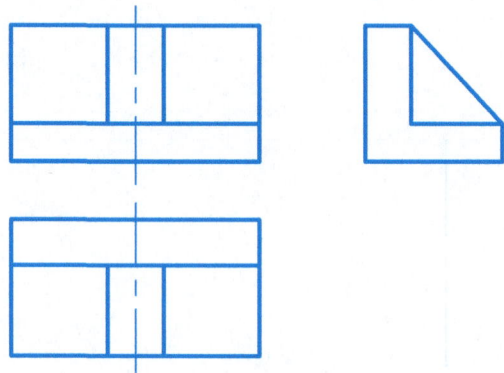

5.
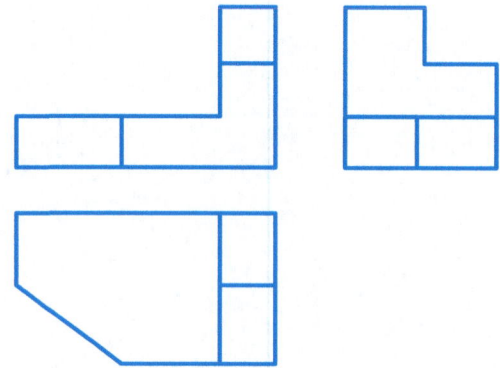

6.
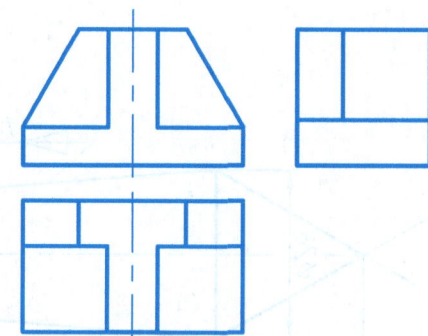

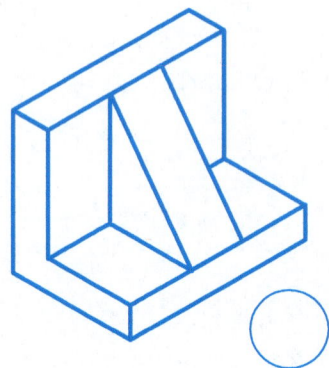
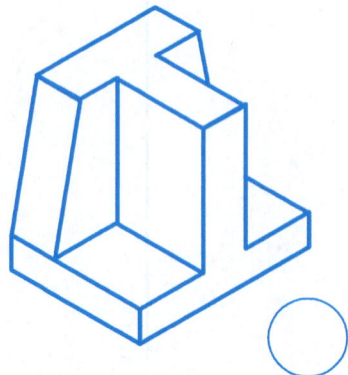
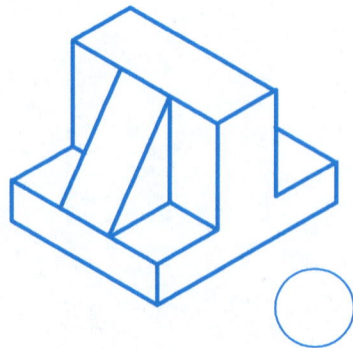
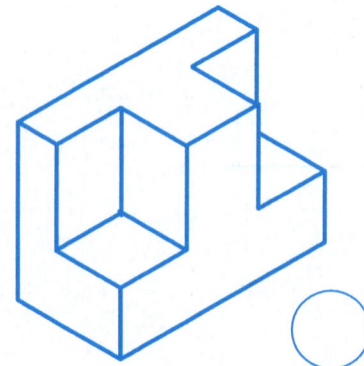
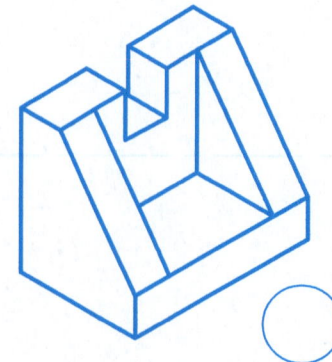
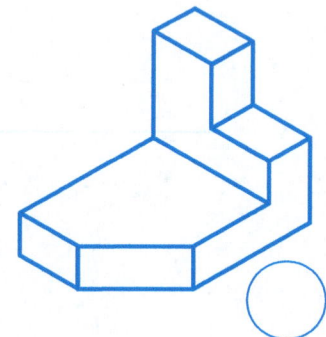

2. 点的投影

班级　　　　　　姓名　　　　　　学号

2-2 已知A、B、C各点到投影面的距离(单位mm),画出它们的三面投影图和立体图。

	距V面	距H面	距W面
A	10	15	25
B	15	0	30
C	0	15	15

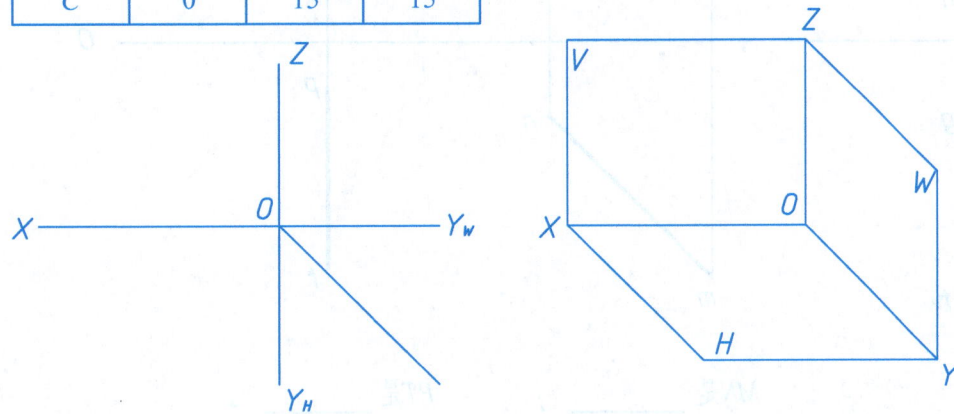

2-3 已知各点的两面投影,作出第三面投影。

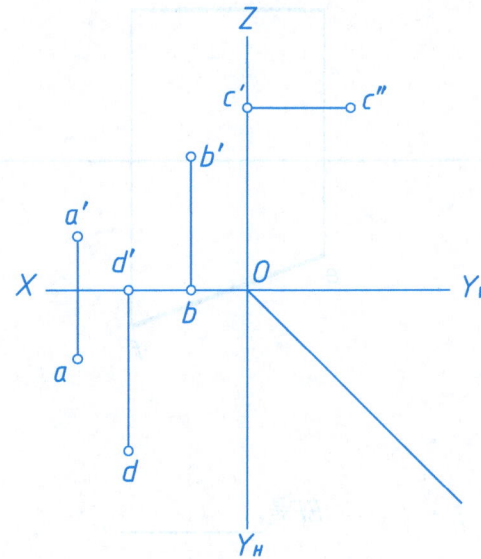

2-4 已知 a′,且A点距V面5mm,点B在点A的正前方15mm,点C在点A的正右方W面上,求作A、B、C三点的投影,并判别其可见性。

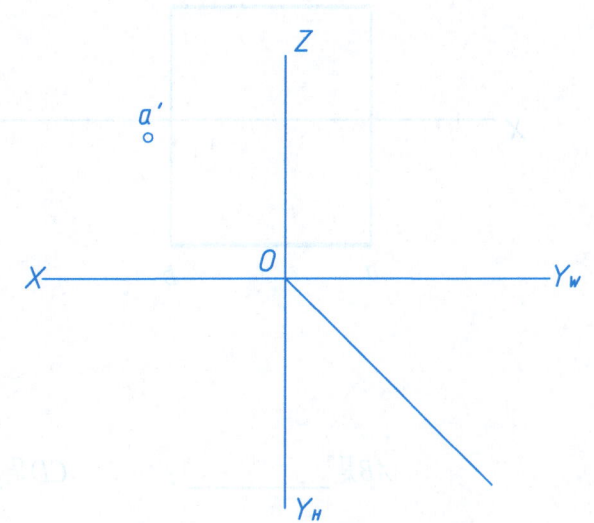

2-2 作出两点A、B的三面投影: 点A(25,15,20);点B在A之左10mm、A之前15mm、A之上12mm。

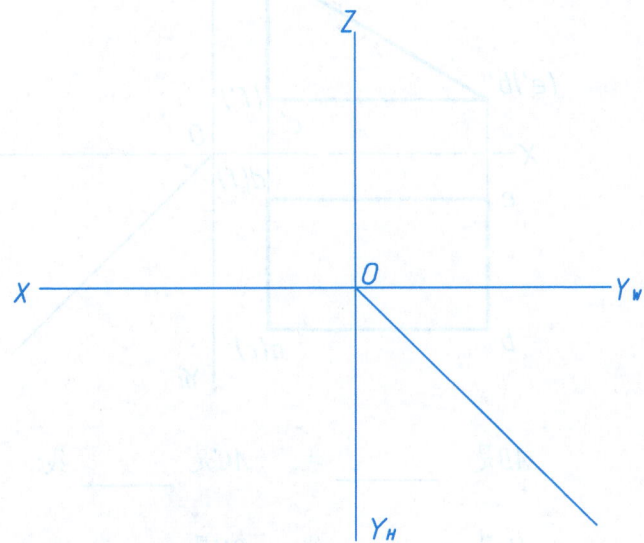

2-6 已知三点A、B、D等高,点C在点A正下方,补画诸点的投影,并注明可见性。

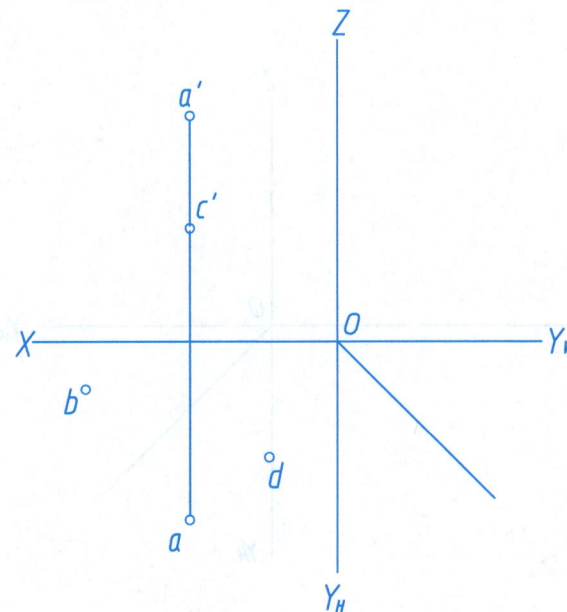

2-7 根据点的相对位置作出两点B、C的投影,并判别重影点的可见性。
(1) 点B在点A之左20mm、之前10mm、之下15mm。
(2) 点C在点A的正右方12mm。

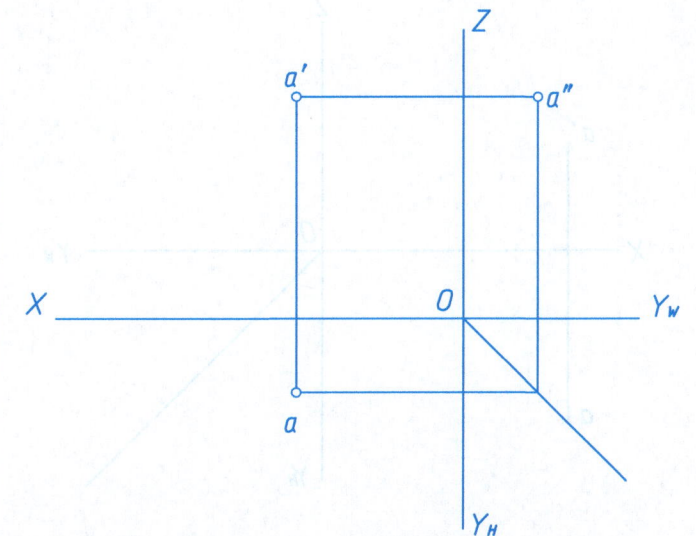

5

2-8 判断下列直线对投影面的相对位置。

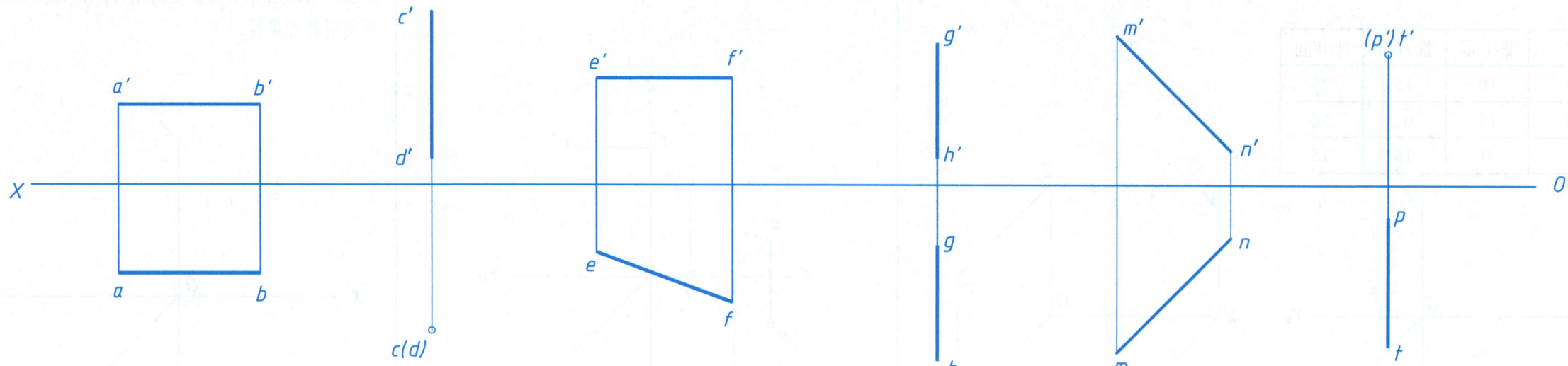

AB是_____;   CD是_____;   EF是_____;   GH是_____;   MN是_____;   PT是_____.

2-9 已知线段AB为水平线，AB=30，β=30°,作出线段AB的三面投影(只需作出一个解答)。

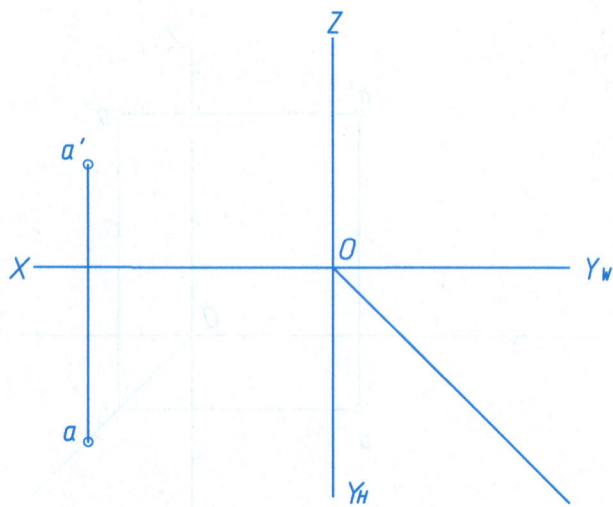

2-10 试作正垂线AB,使其距H、W面均为15mm,AB=25mm,点A距V面为5mm。

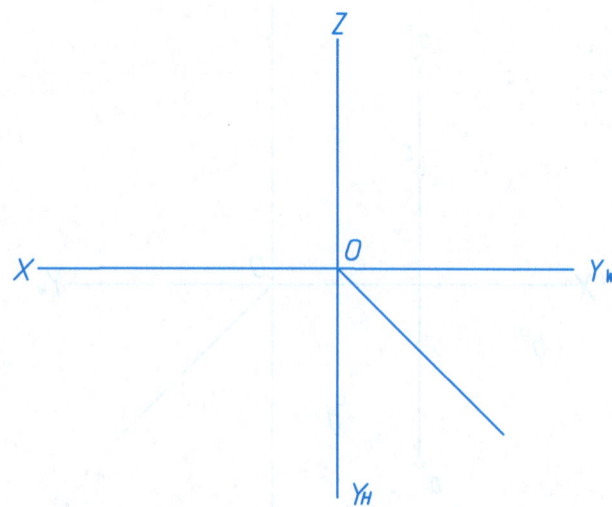

2-11 判断下列直线对投影面的相对位置，并画出第三投影。

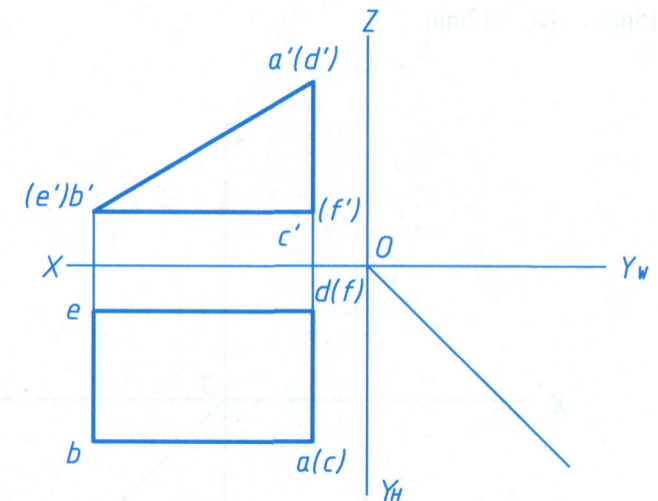

AB是_____线;   AC是_____线;

AD是_____线;   BC是_____线。

2-12 在直线段AB上取一点C,使AC:CB=2:3,求点C的两面投影。

(1)

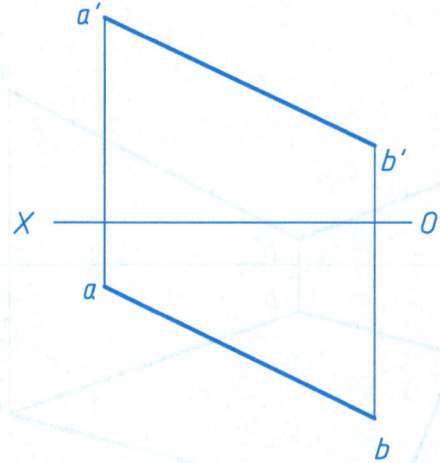

(2)

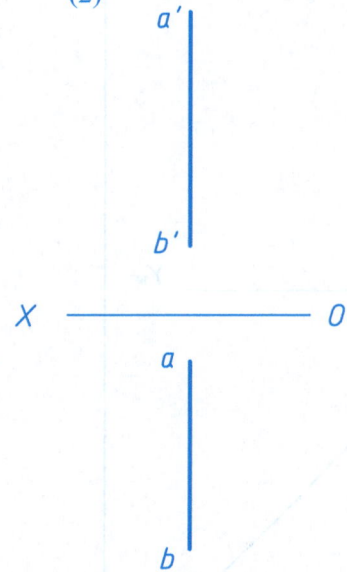

2-13 由点A作直线AB,与直线CD相交,交点B距H面15mm。

(1)

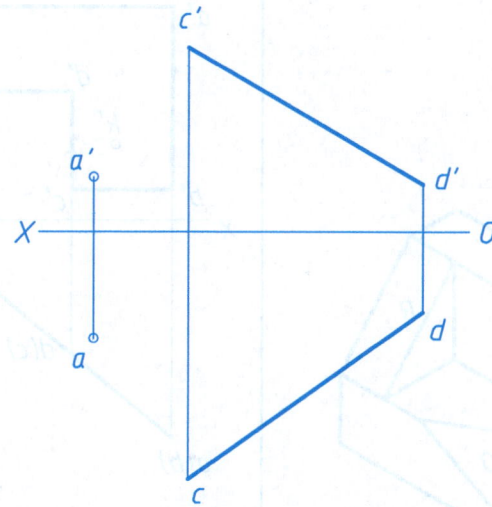

(2)

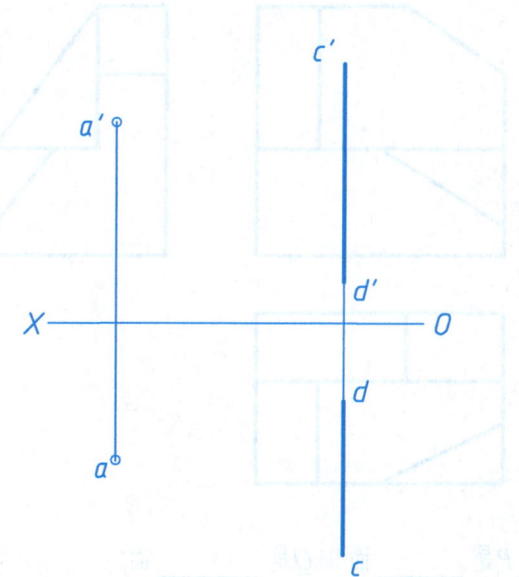

2-14 判断两直线的相对位置。

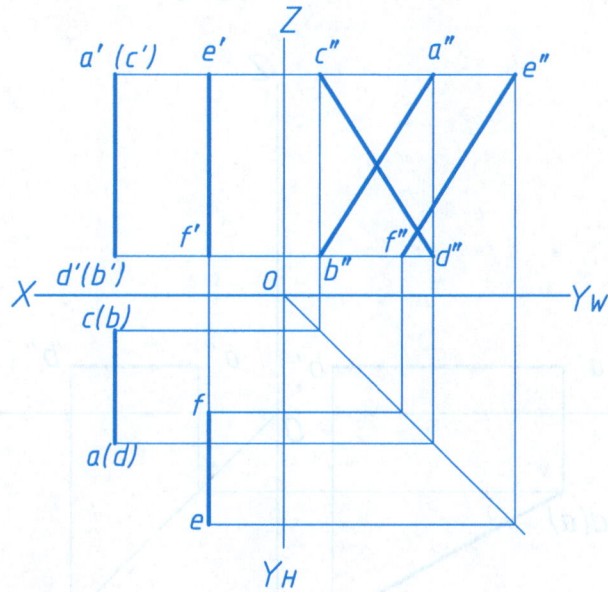

AB和CD＿＿＿＿, CD和EF＿＿＿＿, AB和EF＿＿＿＿。

2-15 已知线段PK平行于线段AB,且与线段CD相交于点K,求作线段PK的两面投影。

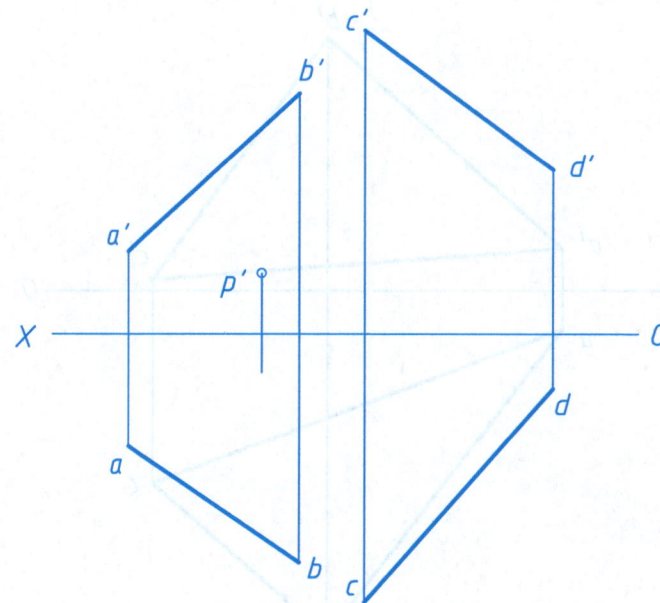

2-16 作一直线MN,使MN∥AB,且与直线CD、EF相交。

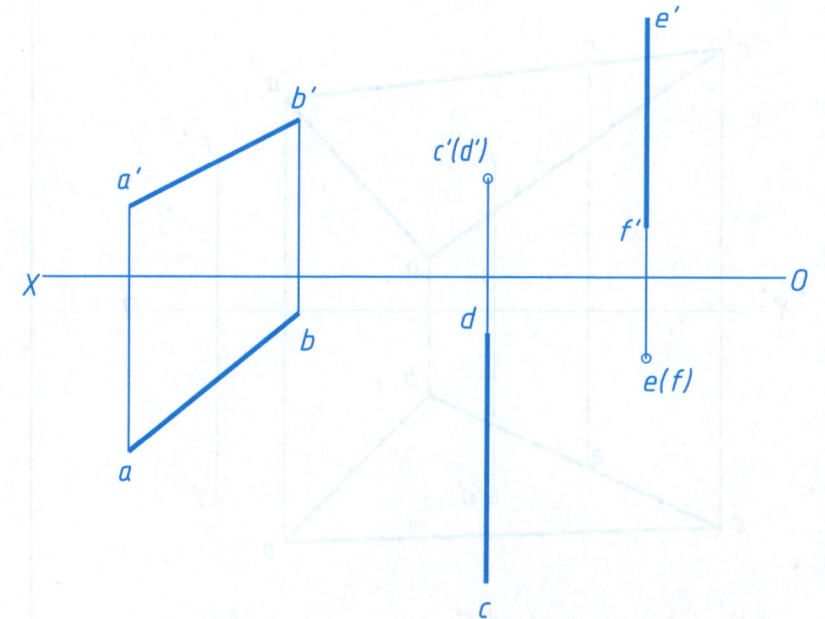

2-17 在投影图中用字母标出立体图中所示各表面的三个投影,并说明其与投影面的相对位置。

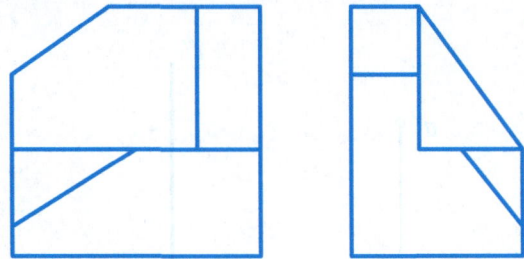
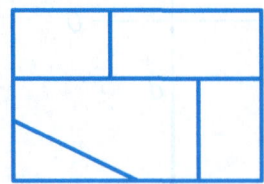
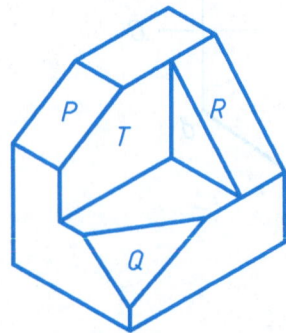

P是＿＿＿＿面　　Q是＿＿＿＿面

R是＿＿＿＿面　　T是＿＿＿＿面

2-18 补全平面图形及该平面上点K的投影。

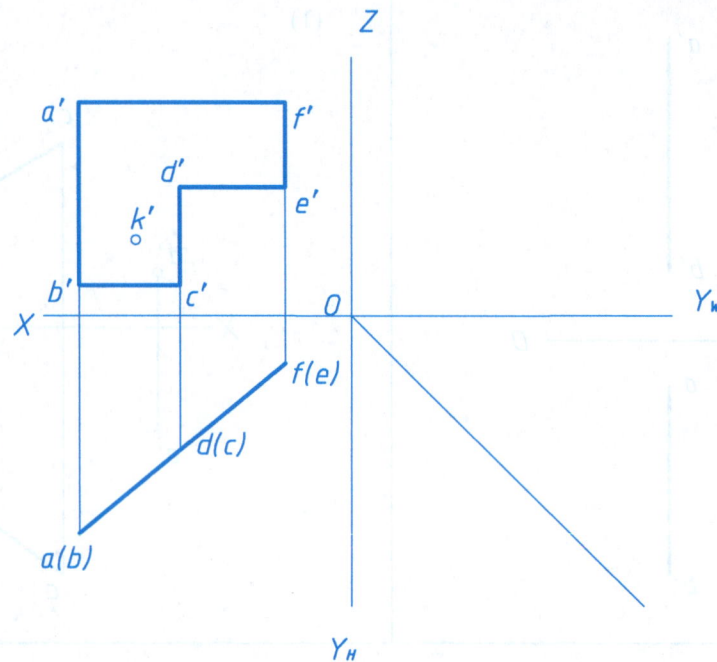

2-19 完成平面图形ABCD的正面投影。

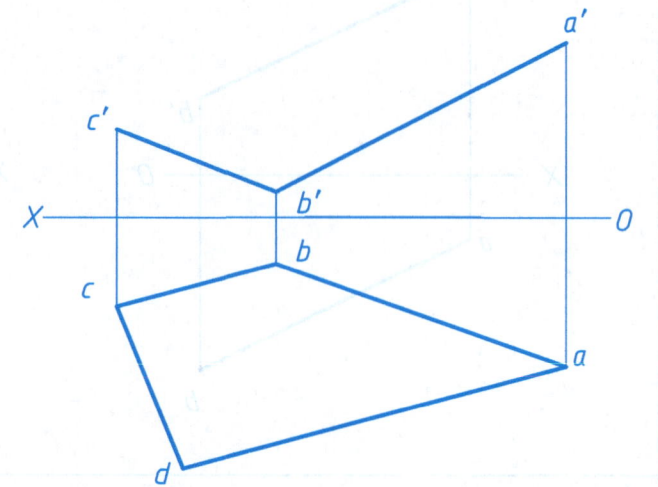

2-20 判断点D、E、F是否在△ABC平面上。

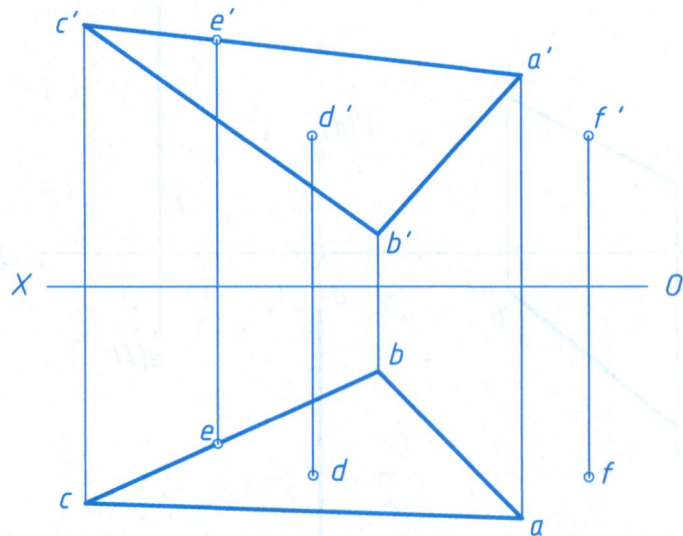

点D＿＿＿＿＿　　点E＿＿＿＿＿　　点F＿＿＿＿＿

2-21 在△ABC内取点K,使点K与H、V面的距离分别为18mm,30mm。

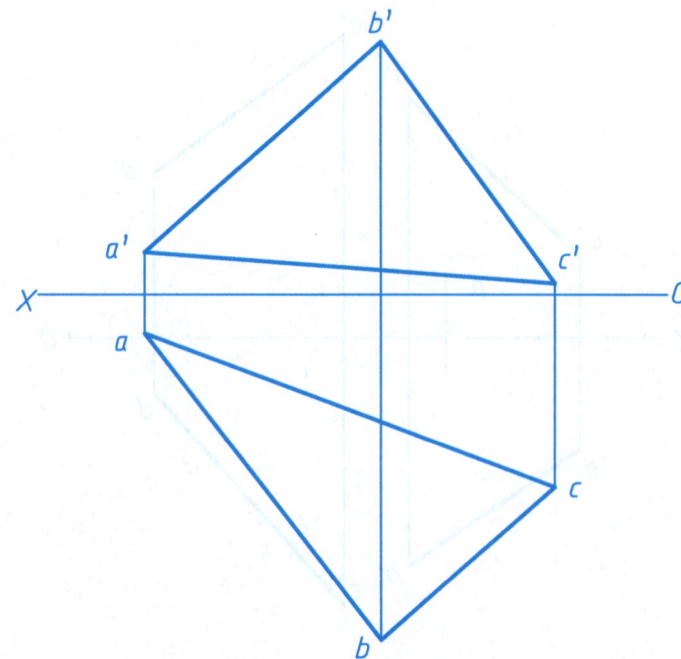

2-22 以线段AB为边长作一正方形,使它垂直于H面。

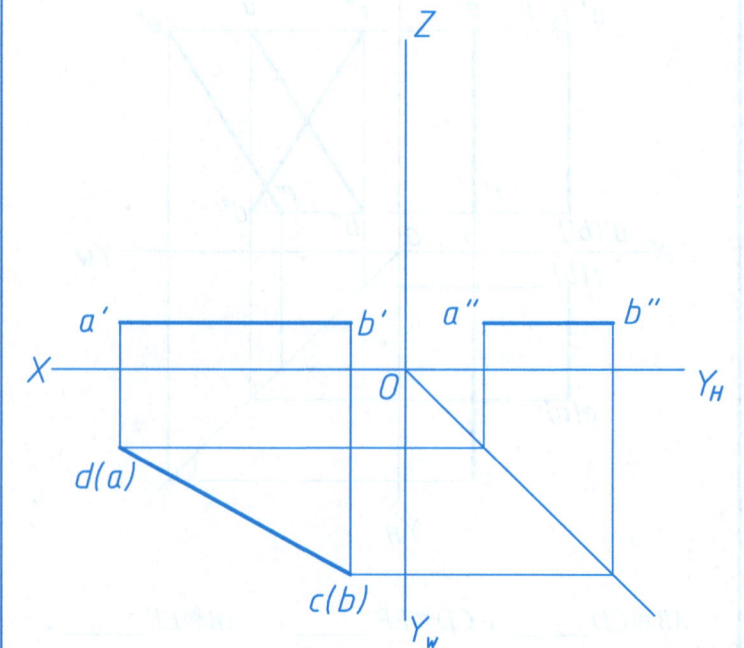

班级　　　　　　　姓名　　　　　　　学号

2-23 过M点作水平线与△ABC平行。

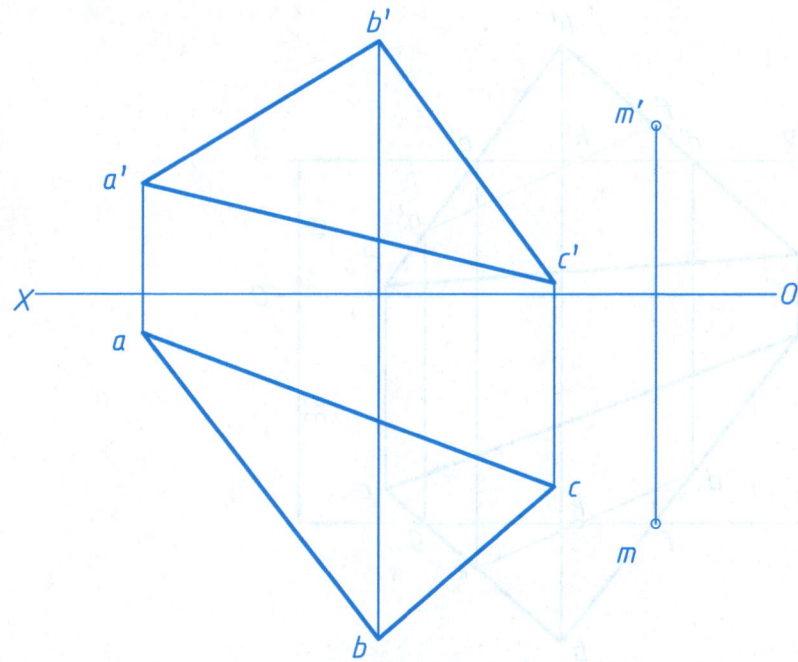

2-24 过M点作平面与△ABC平行。

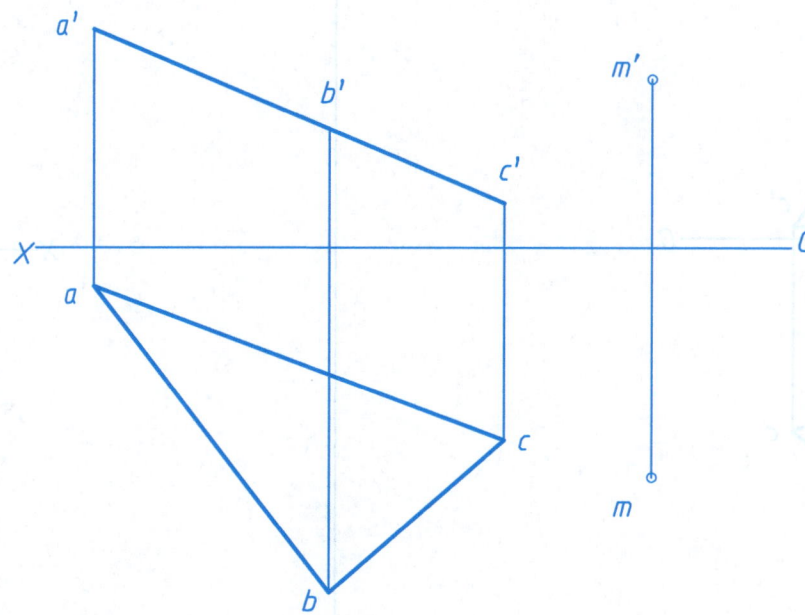

2-25 求出线段DE与△ABC的交点,并判别可见性。

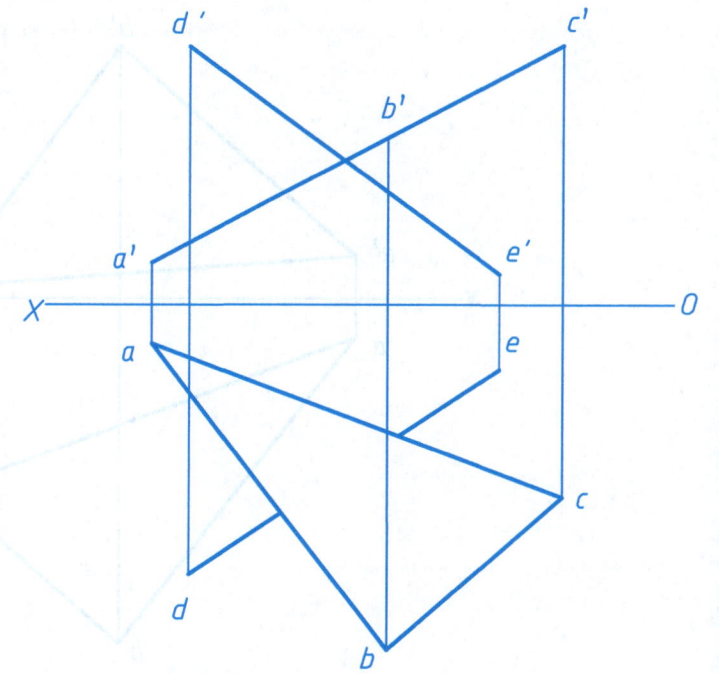

2-26 求出线段DE与△ABC的交点,并判别可见性。

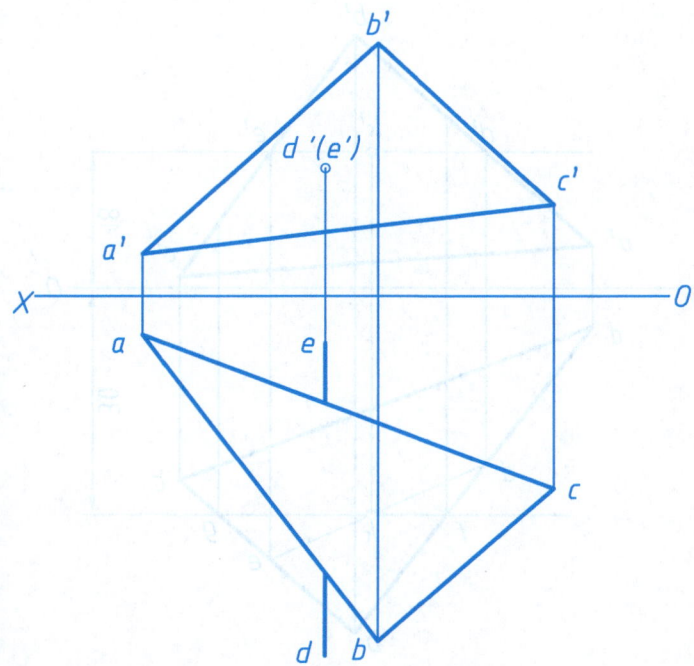

2-27 过M点做直线与△ABC平面垂直。

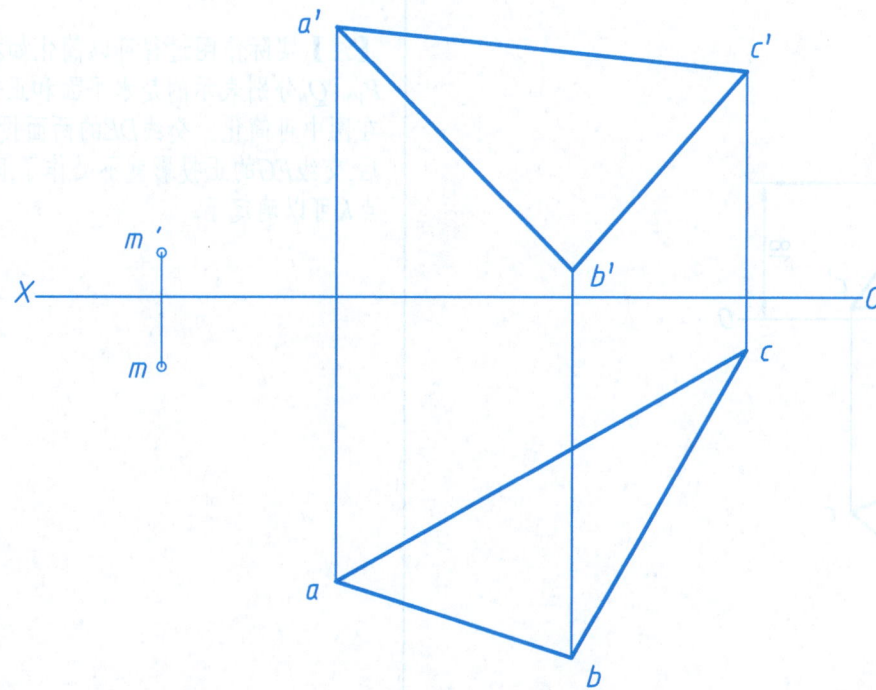

2-28 求平面与平面的交线,并判别可见性。

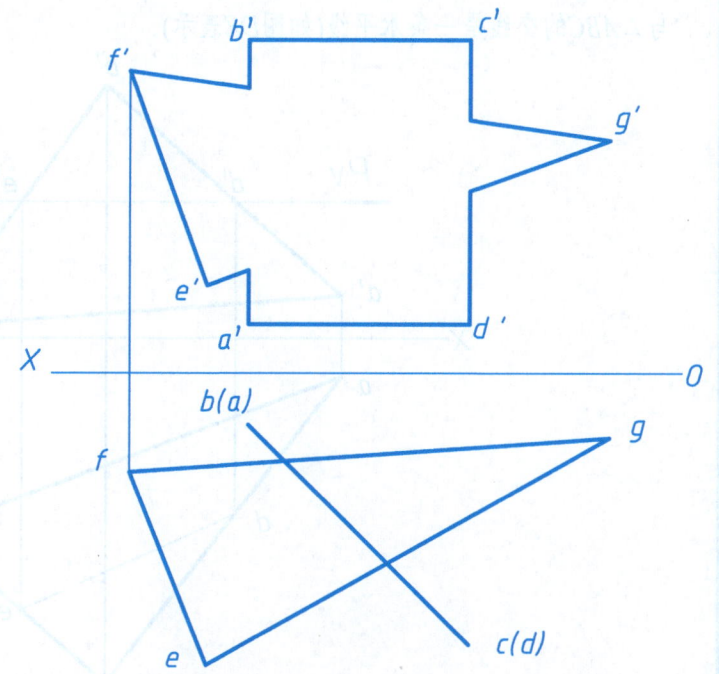

【例】2-21 在△ABC内取点K,使点K与H、V面的距离分别为18mm,30mm。

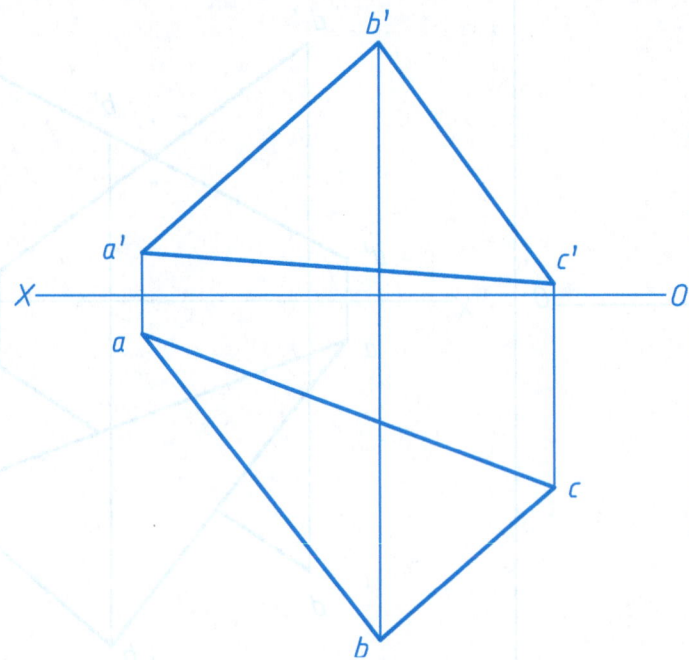

【分析及作图过程】

(1) 所求点K距水平面H为18mm,其轨迹应是距H面18mm的一个水平面(图中P所示),该水平面与△ABC的交线是一条水平线(如图DE表示)。

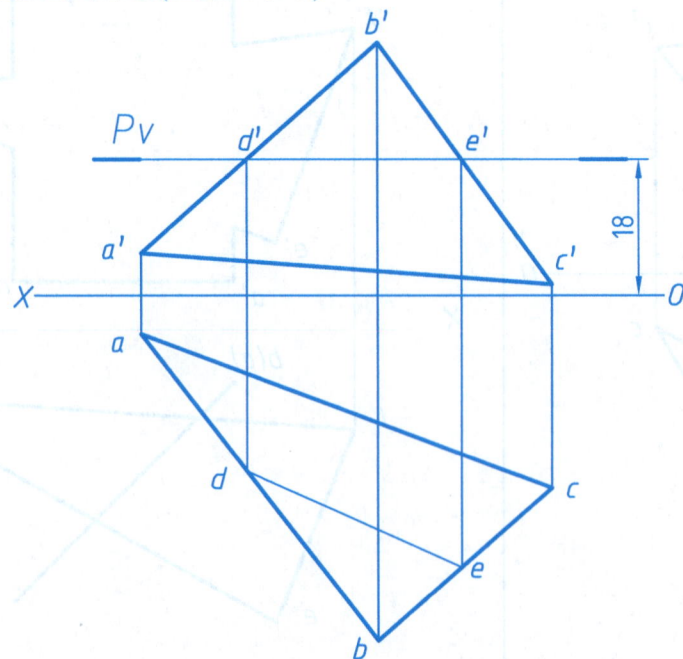

(2) 所求点K距正投影面V为30mm,其轨迹应是距V面30mm的一个正平面(图中Q所示),该正平面与△ABC的交线是一条正平线(如图FG表示);交线DE与FG的交点即为所求点K。

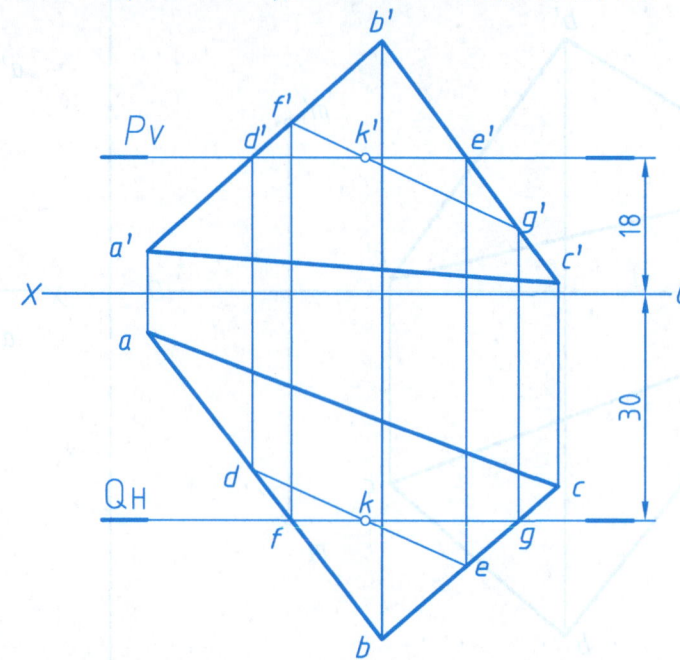

【注】实际作图过程可以简化如右图示。P_V、Q_H分别表示的是水平面和正平面,在图中可简化。交线DE的两面投影作出后,交线FG的正投影就不必作了,因为交点K可以确定了。

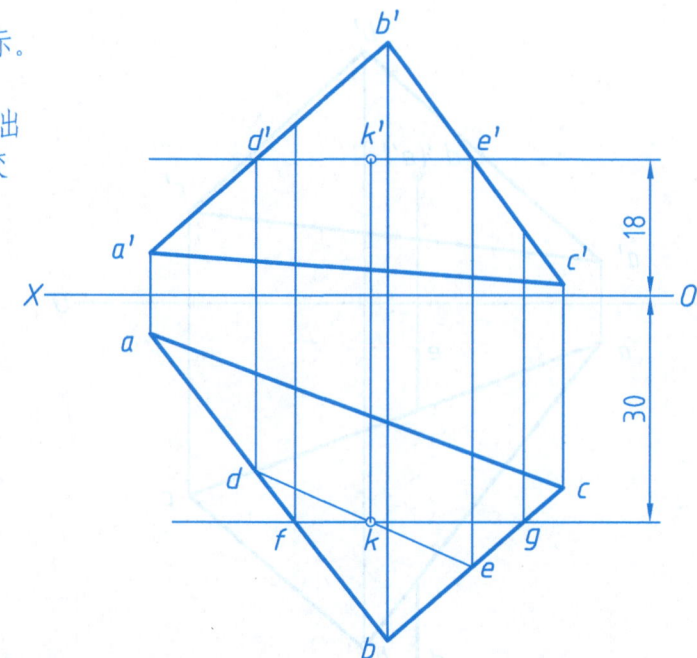

3-1 已知立体的两面投影,求作第三投影,并作出所给立体表面点、线的其他两面投影。

1.

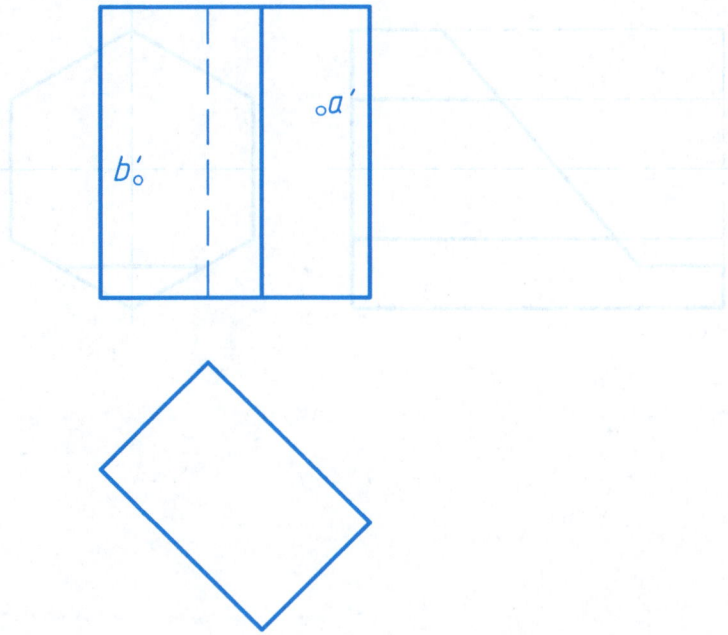

2.

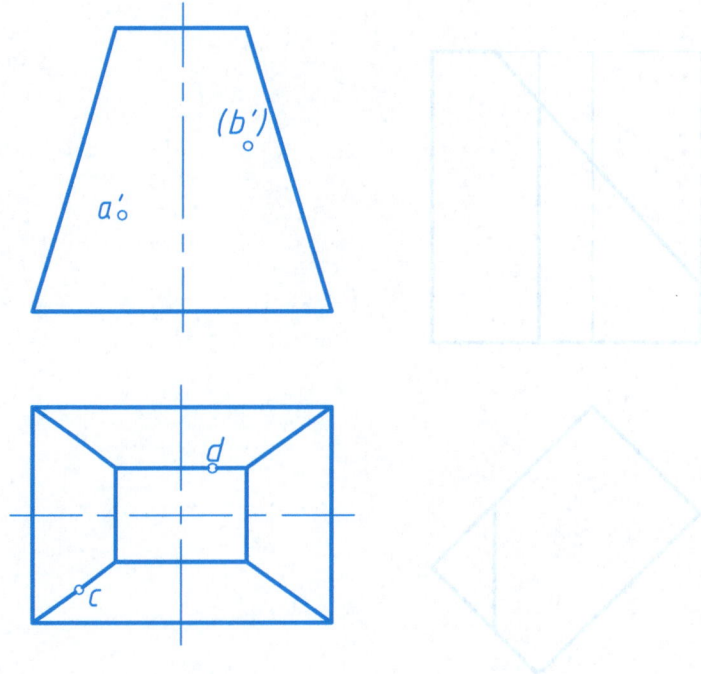

3.

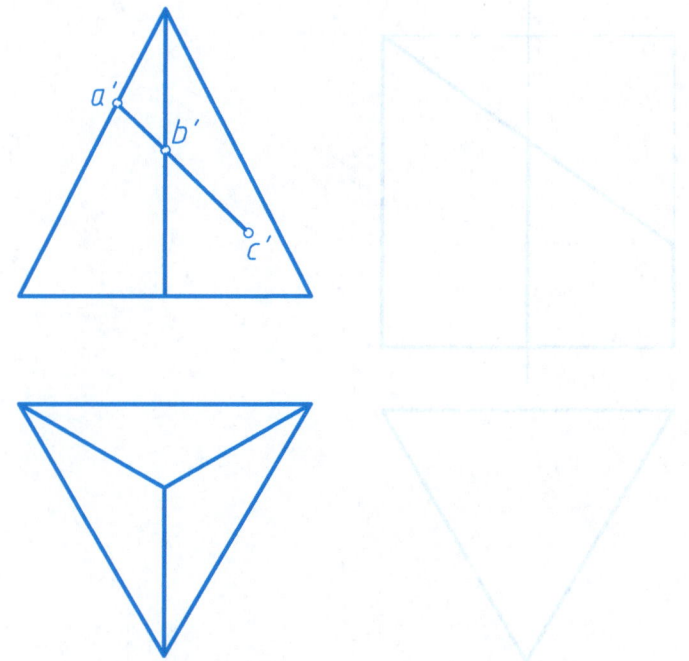

4.

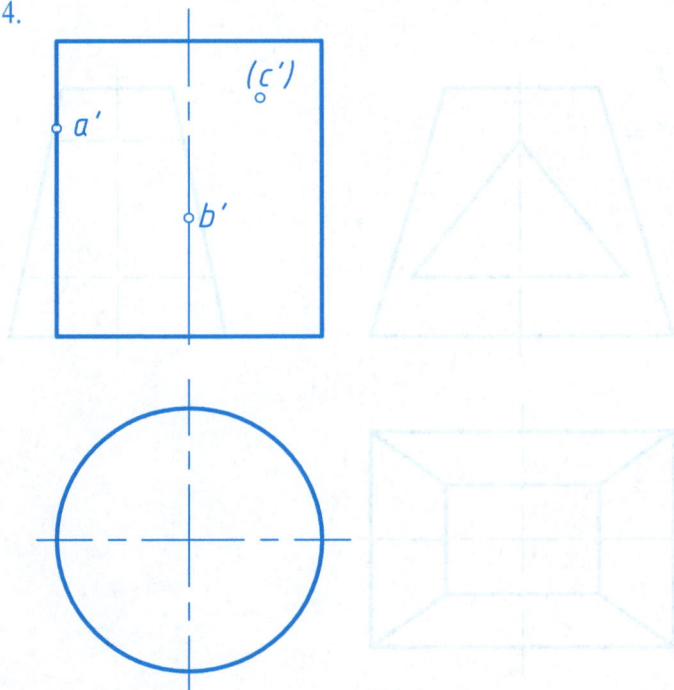

5.

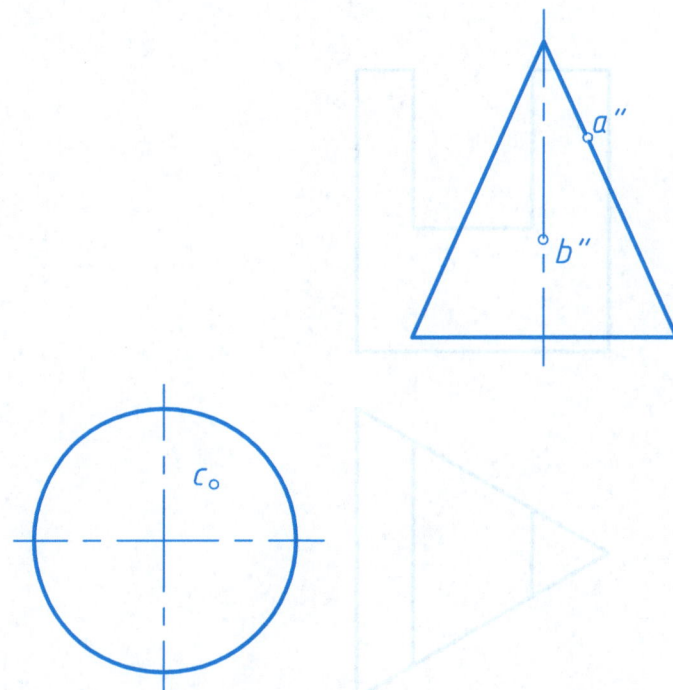

6.

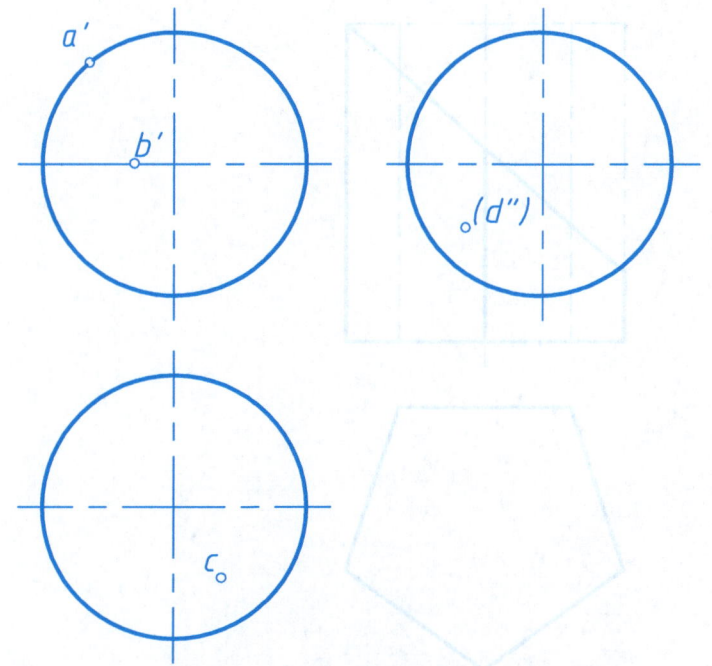

2.平面与平面体相交

3-2 完成各平面立体被截切后的第三面投影。

1.

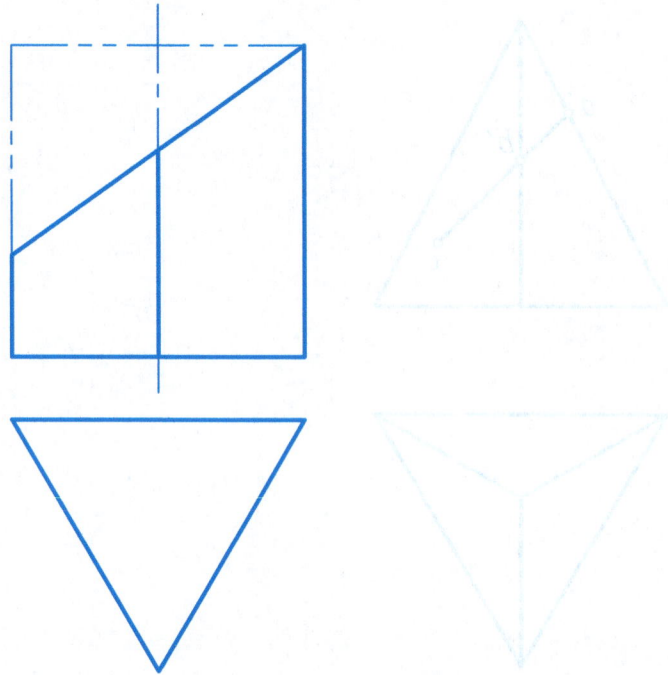

2.

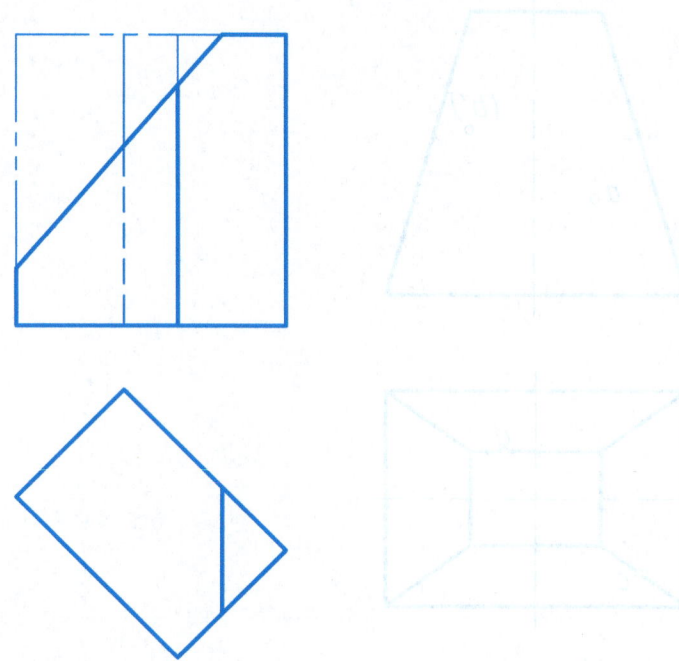

3.

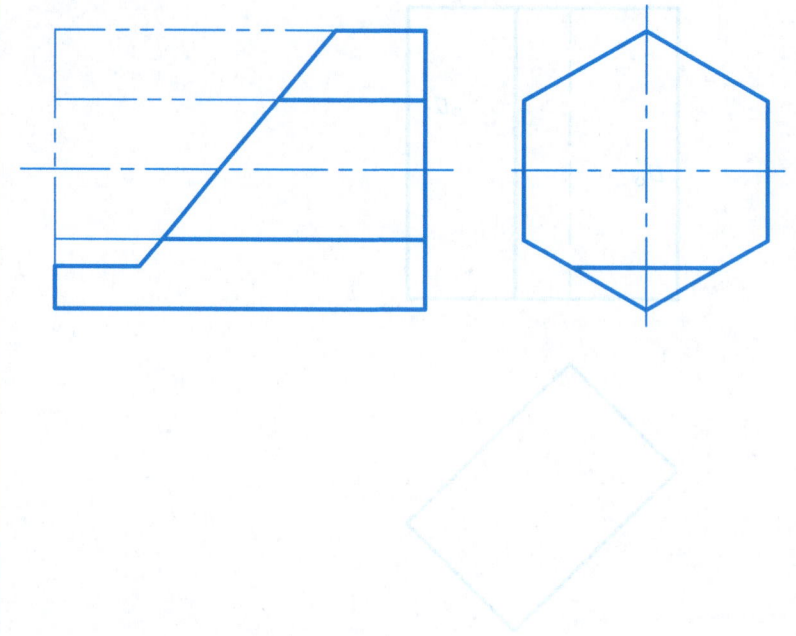

4.

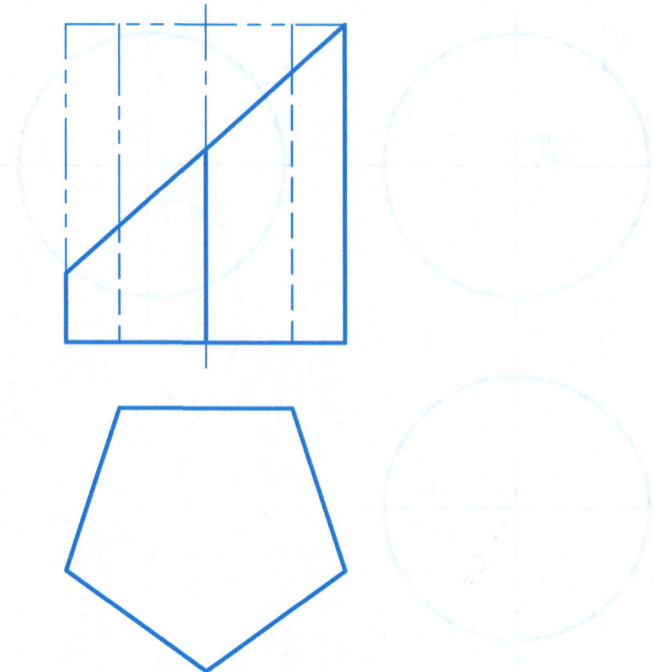

5.

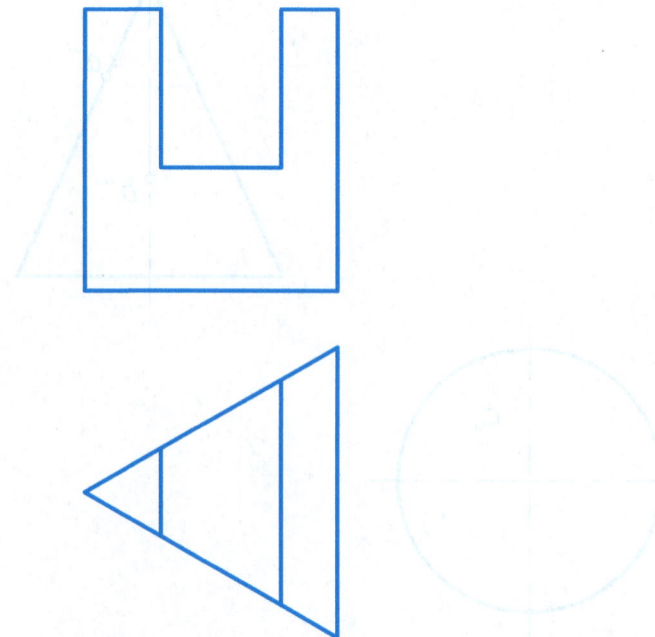

6.

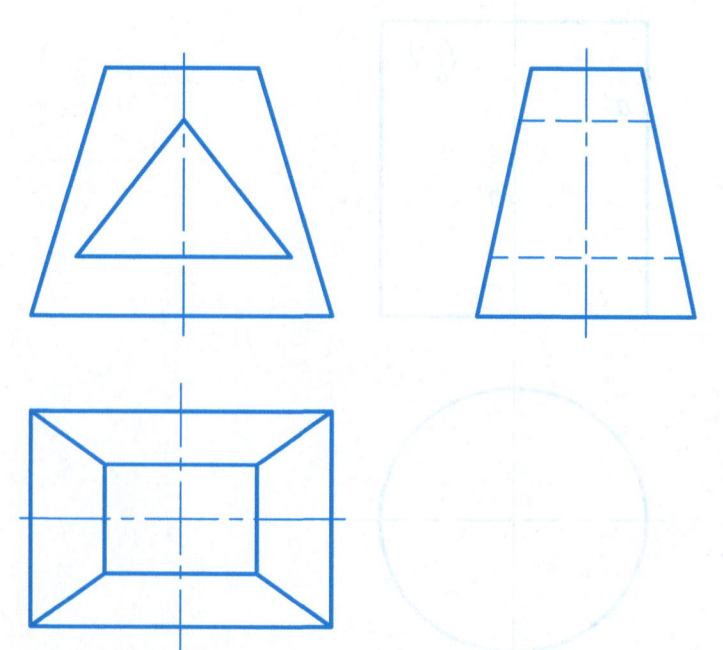

3-3 完成各平面立体被截切后的三面投影。

1.

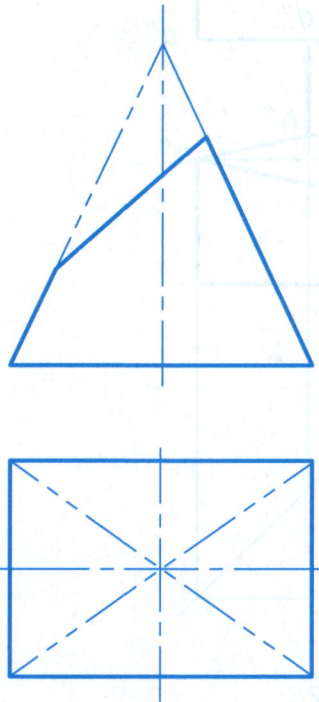

2.

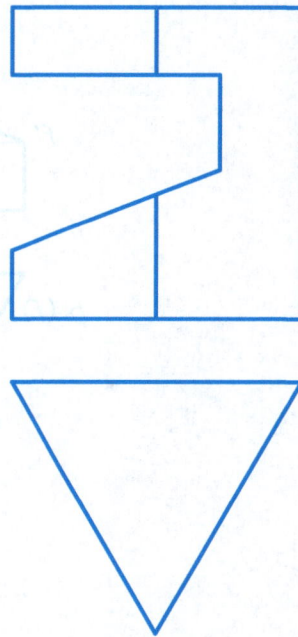

3.

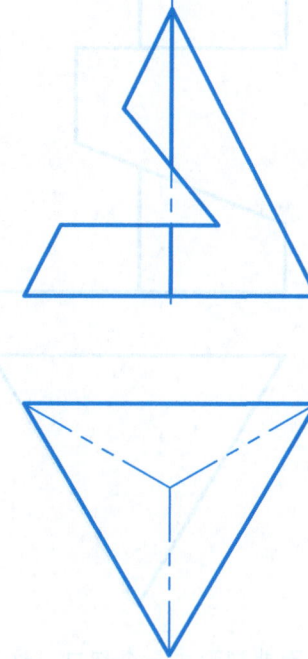

4.

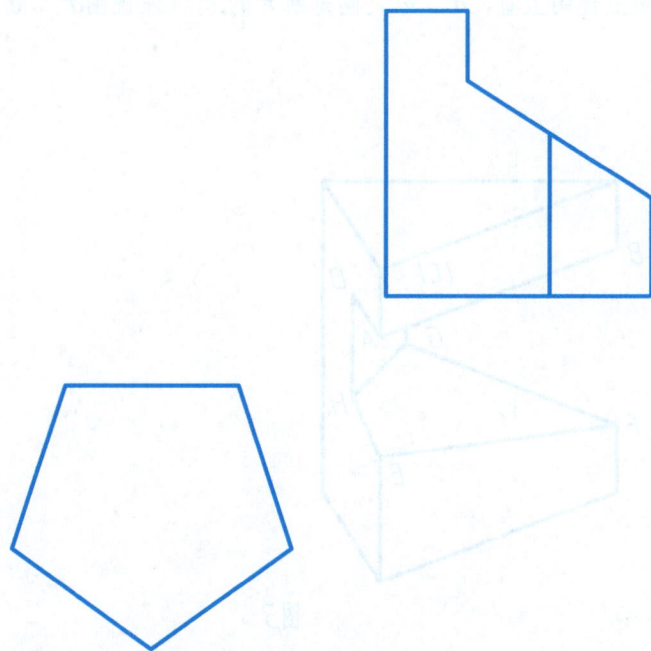

5.

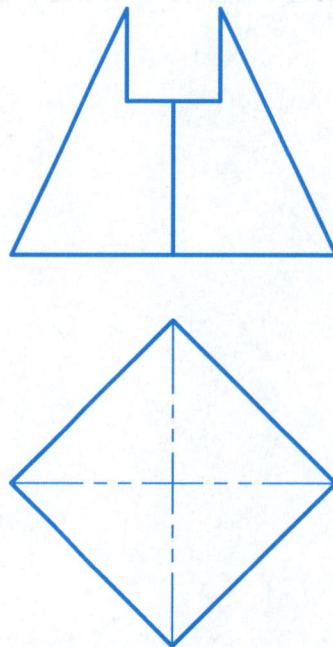

6.

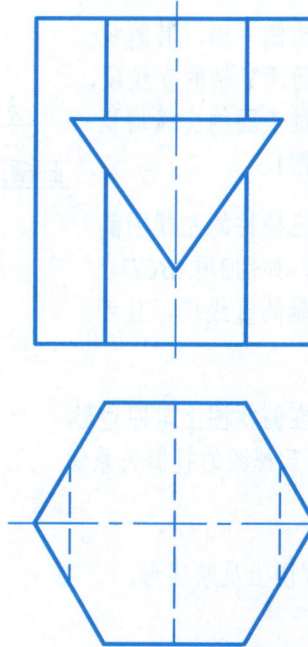

【例】3-3-2完成被截切的正三棱柱的俯视图,画出左视图。

【分析及作图过程】

(1) 形体分析：正三棱柱被三个平面截切形成一个切口,这三个截平面分别是水平面Ⅰ、侧平面Ⅱ、正垂面Ⅲ,如图1示。

(2) 作图思路

首先完成俯视图：截平面Ⅱ为侧平面,其俯视图积聚为一条直线,且为一条平行于Y轴的直线段,不可见。其他两个截平面与三棱柱表面的交线均积聚在俯视图三角形三条边上,如图1。

其次,完成左视图：先画出三棱柱的左视图截平面Ⅰ为一个四边形,是水平面,如图2用ABCD表示,在左视图上积聚为一平行于Y轴的直线段,且可见。

截平面Ⅲ也是一个四边形,在俯视图上与四边形ABCD重影,如图2用EFGH表示,按三视图的投影关系做出左视图的投影。

截平面Ⅱ是一个矩形,在左视图上反映实形,如图2为CDHG。

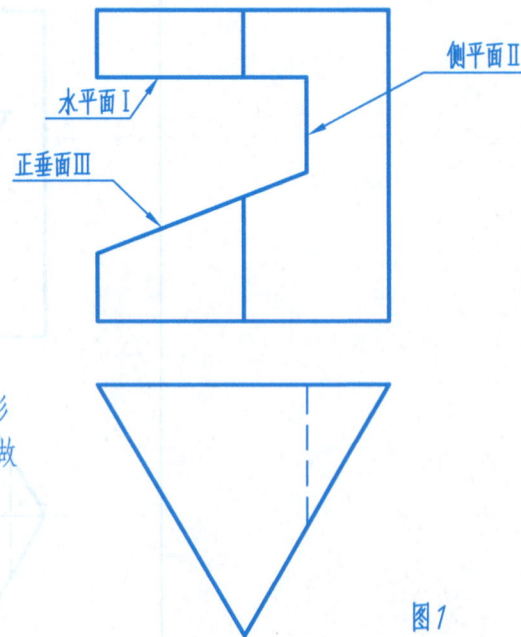

图1

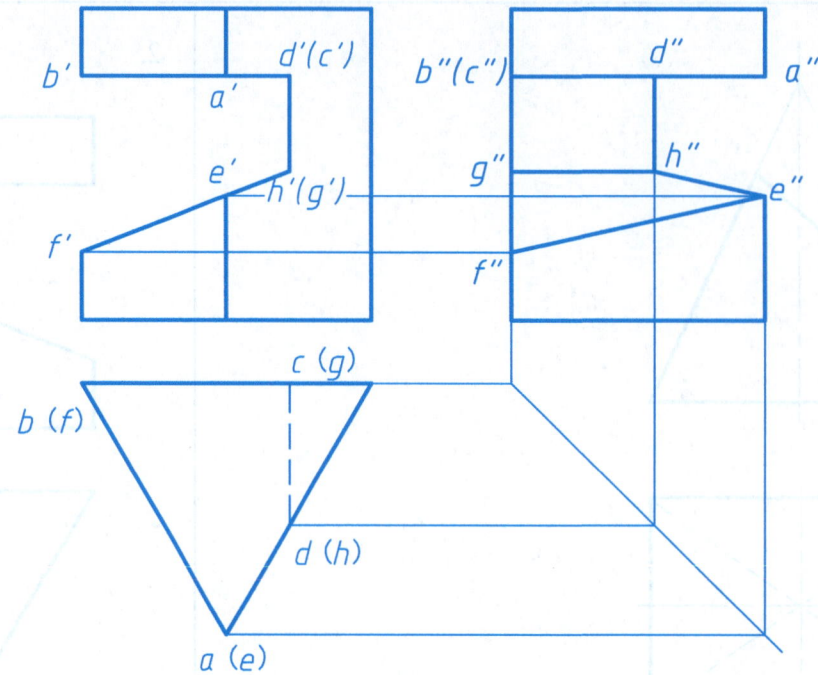

图2

最后,整理左视图外轮廓：三棱柱的上下底面是完整的,后面的侧平面没有被完全切断,所积聚的线段也是完整的,只有前轮廓是一条棱线,从主视图上看,a′、e′之间是断开的,所以左视图a″、e″应断开。

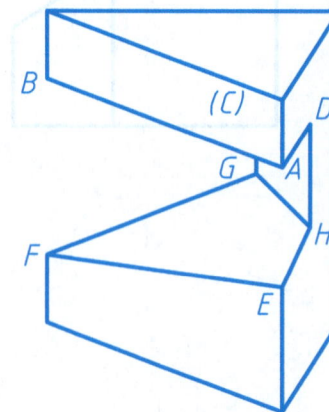

图3

3-4 回转体的截交线(一)。

1. 作出侧面投影。

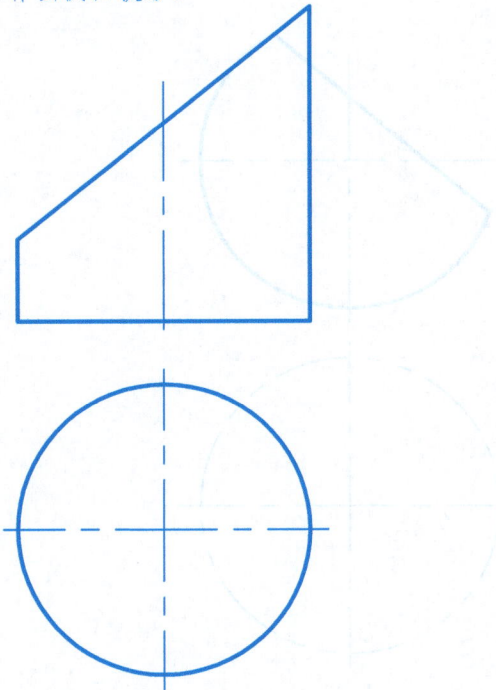

2. 补全水平投影, 作出侧面投影。

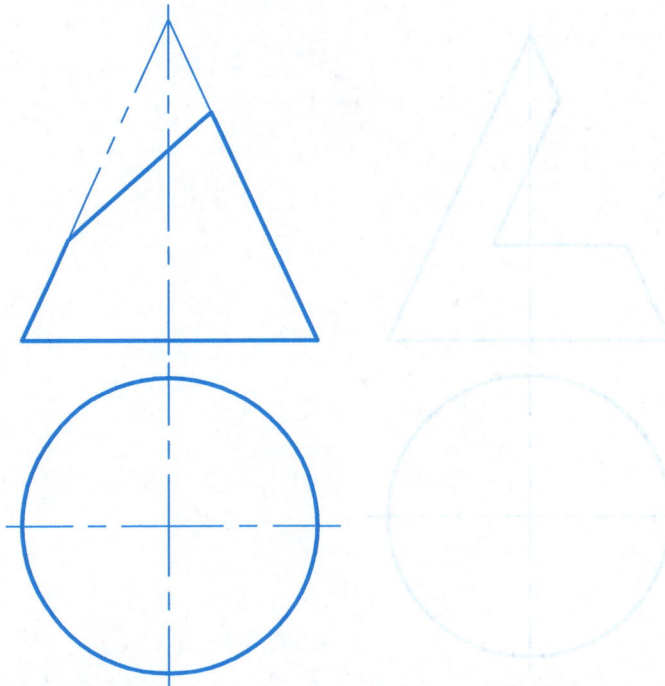

3. 补全水平投影, 作出侧面投影。

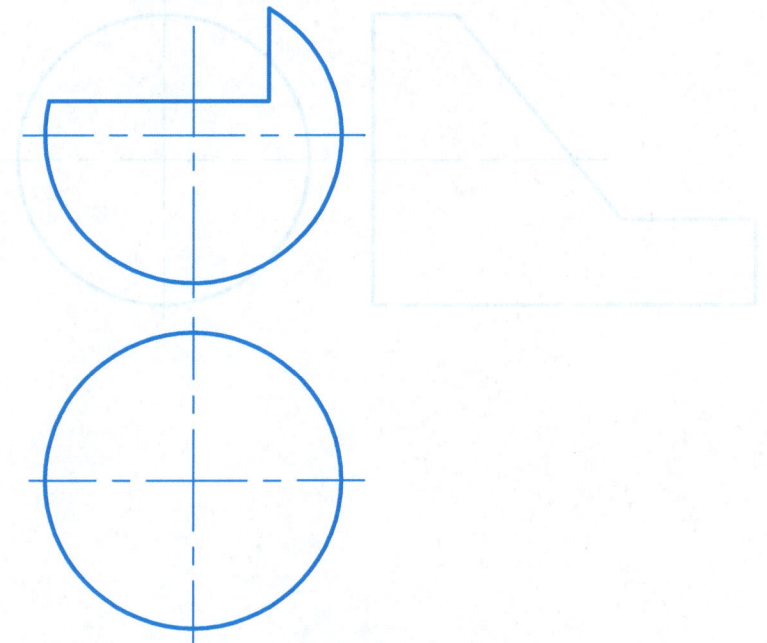

4. 作出侧面投影。

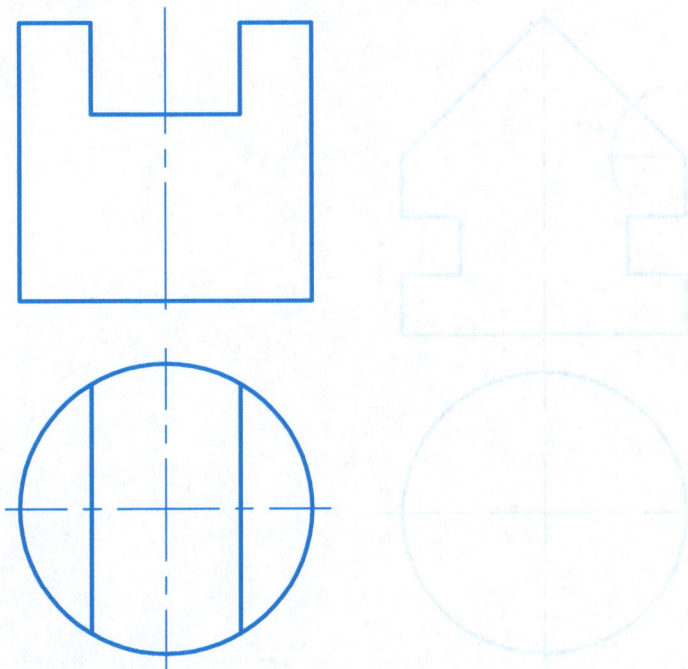

5. 作出侧面投影。

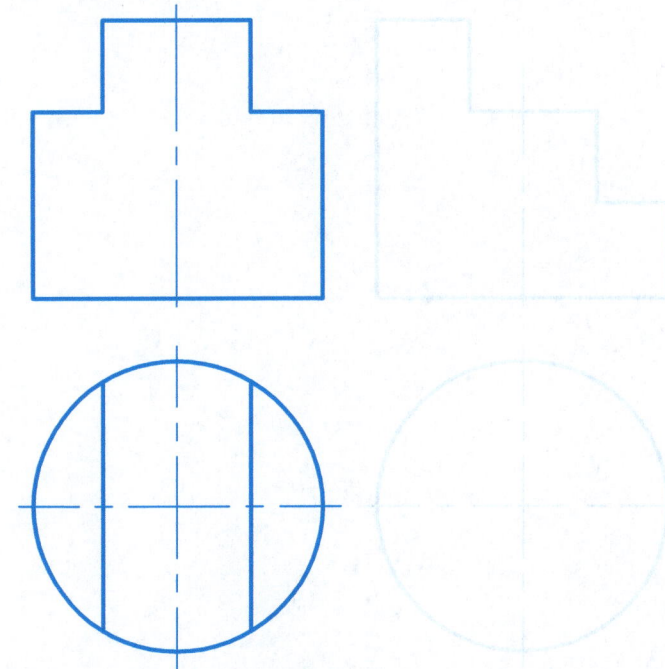

6. 补全水平投影, 作出侧面投影。

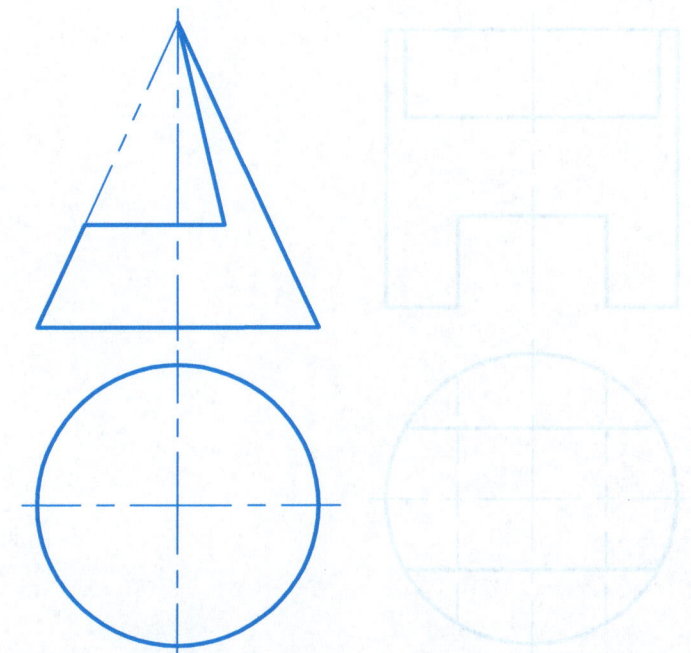

3-5 回转体的截交线(二)。

1. 补全侧面投影, 作出水平投影。

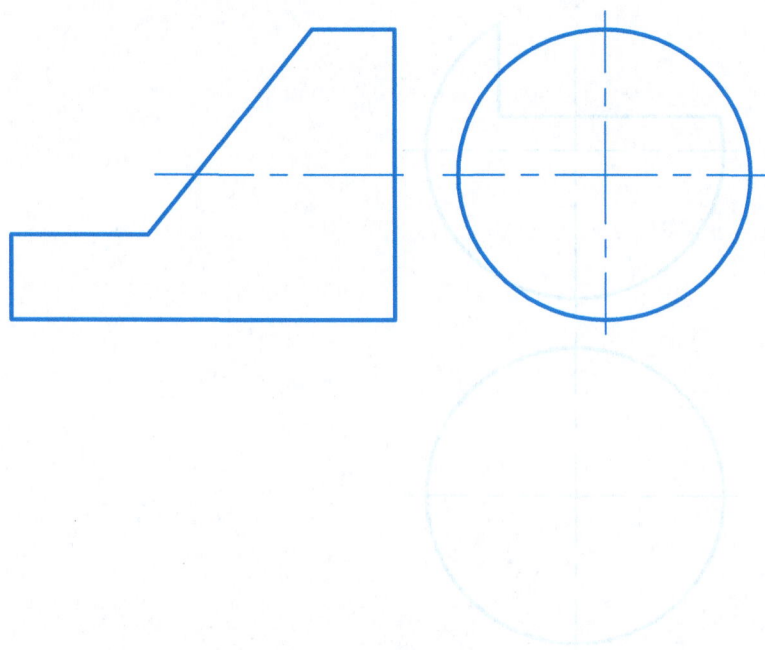

2. 补全水平投影, 作出侧面投影。

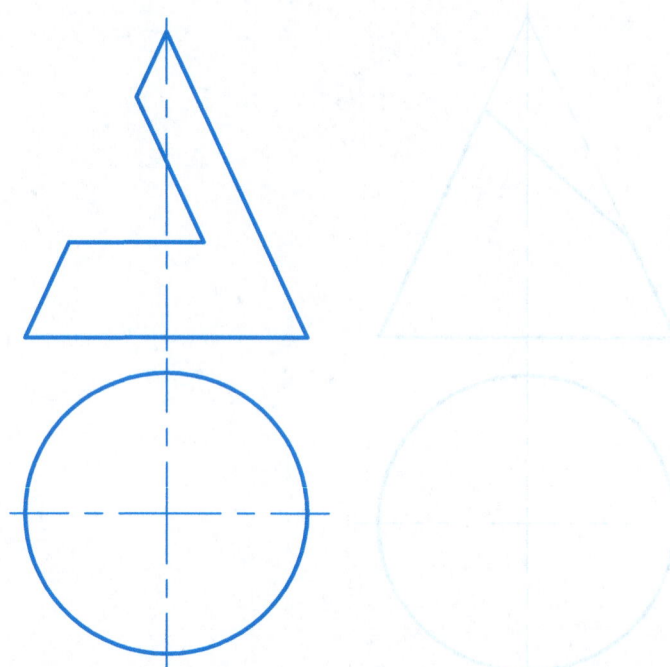

3. 作出水平投影。

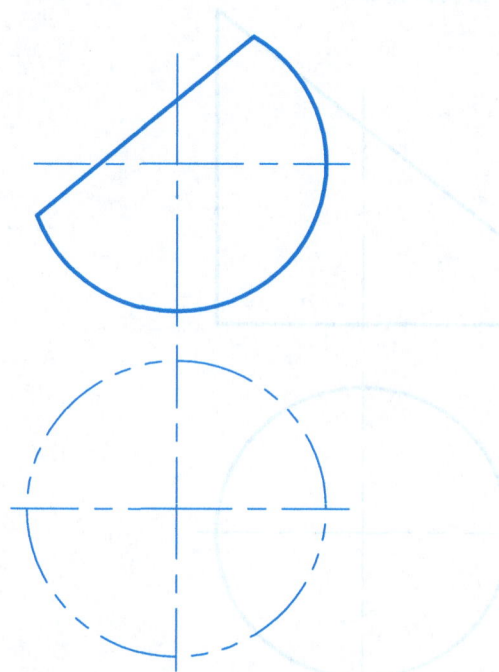

4. 作出侧面投影。

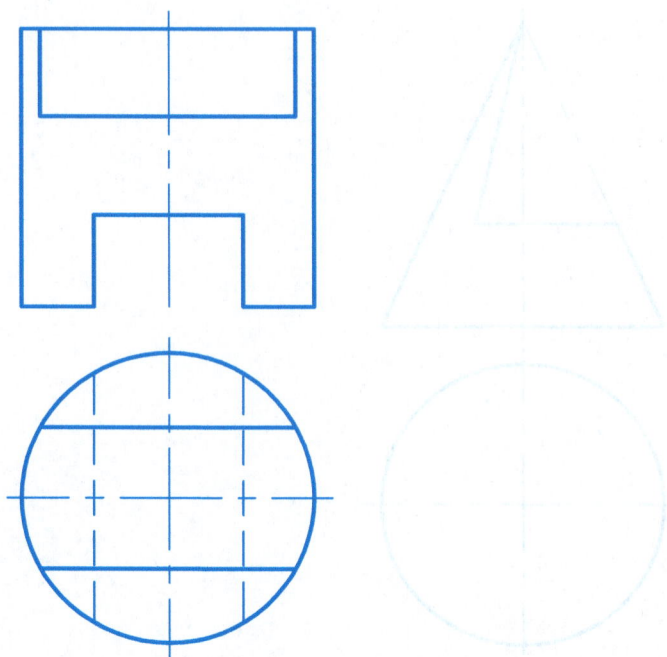

5. 补全水平投影, 作出侧面投影。

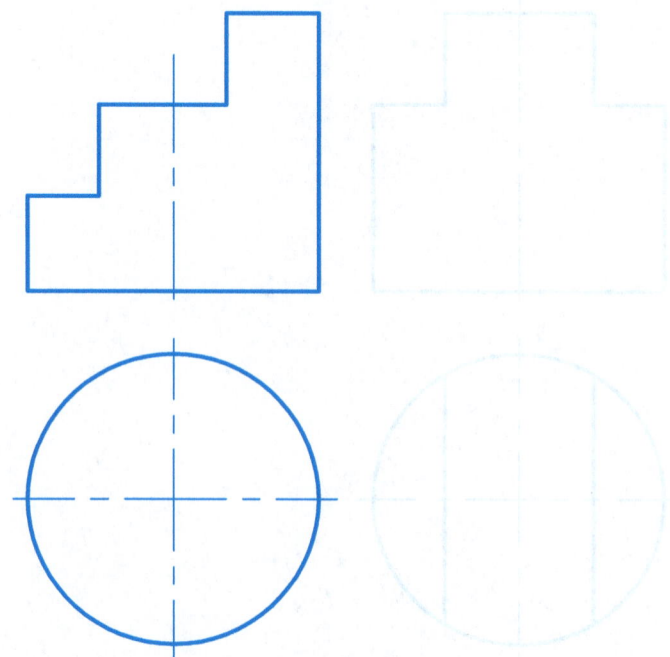

6. 补全水平投影, 作出侧面投影。

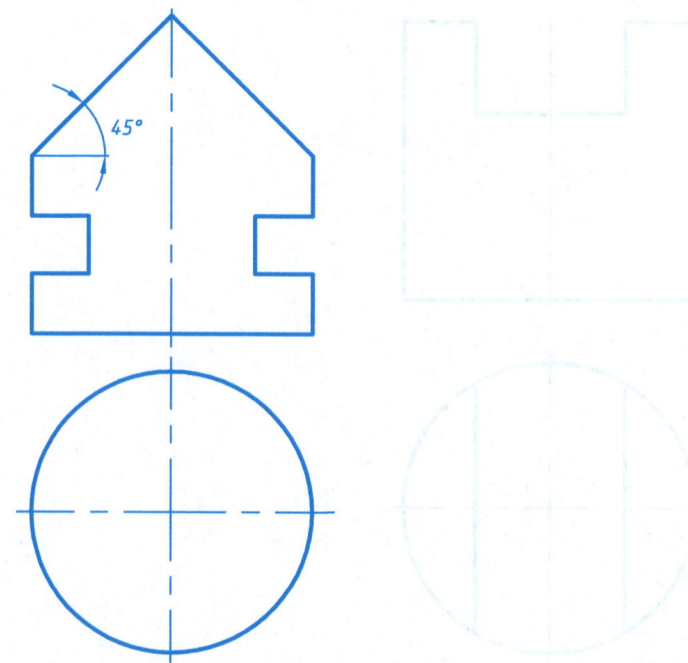

45°

3-6 复合回转体的截交线。

1. 作出侧面投影。

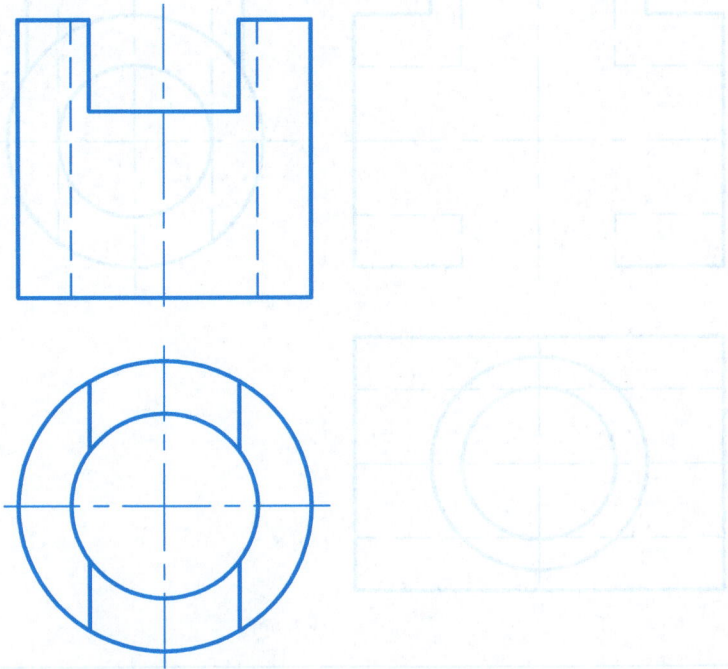

2. 作出侧面投影。

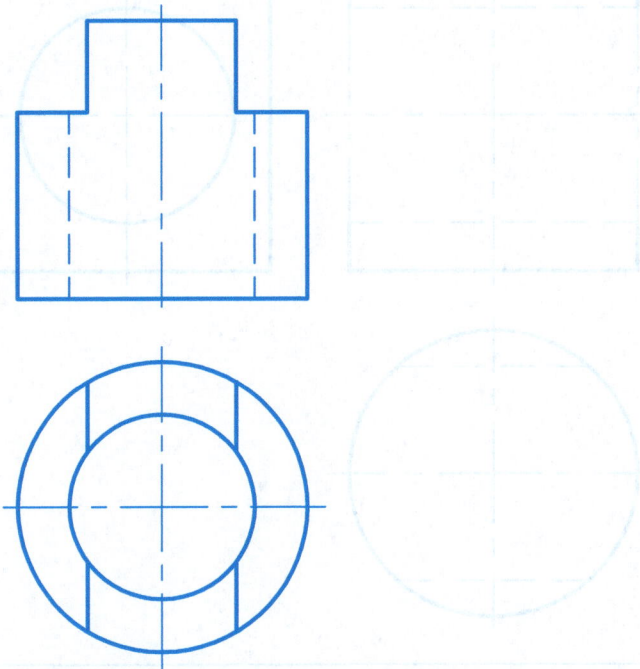

3. 作出水平投影。

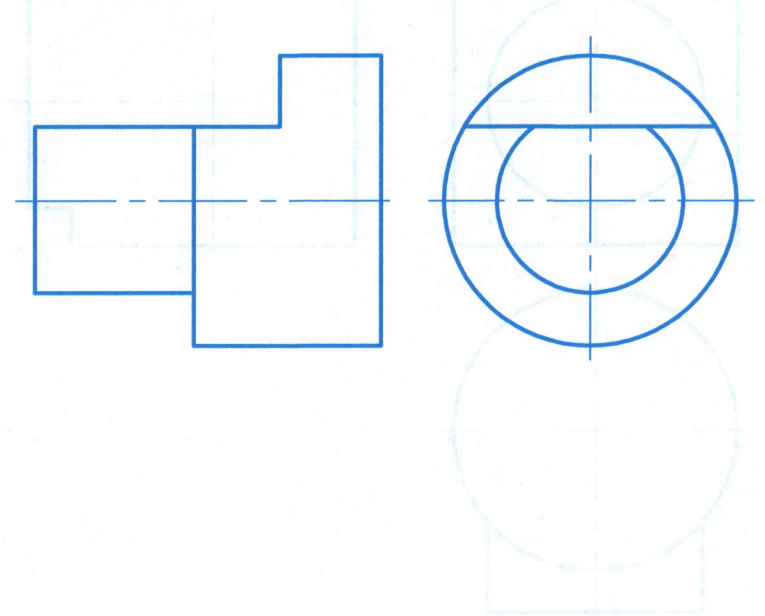

4. 求作水平投影。

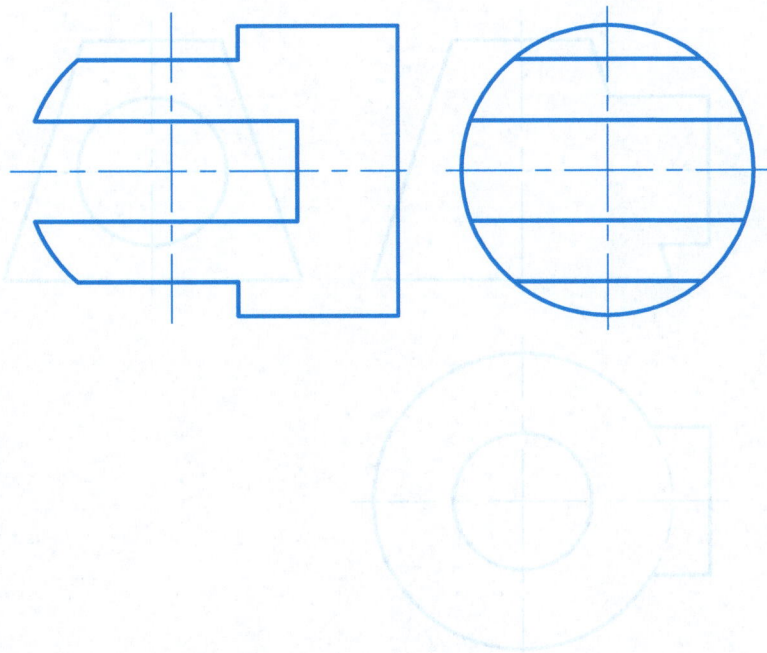

5. 求作水平投影。

6. 补全正面投影。

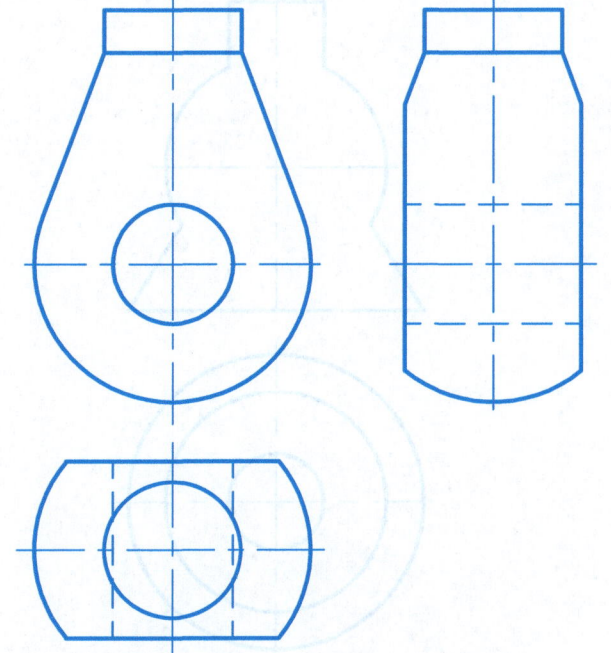

3-7 求两圆柱相贯线的投影。

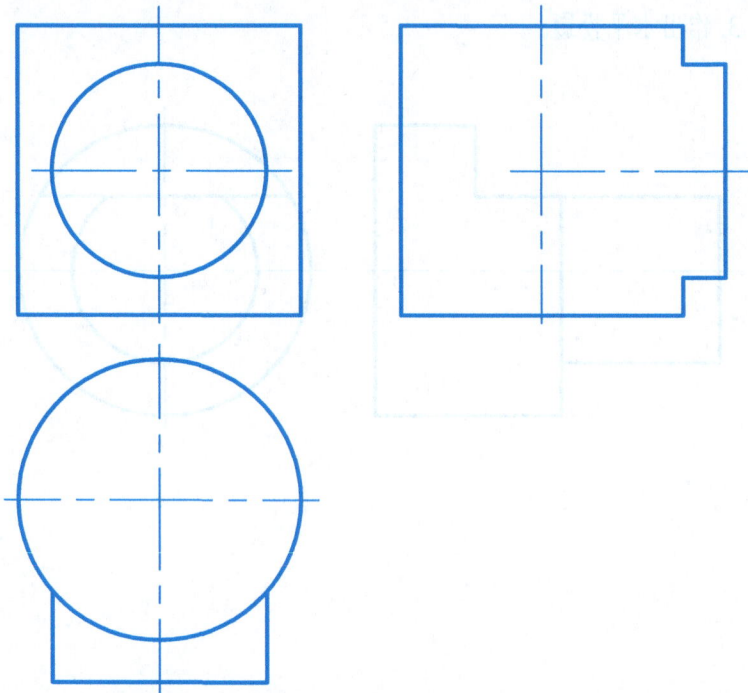

3-8 求圆柱穿孔相贯线的投影。

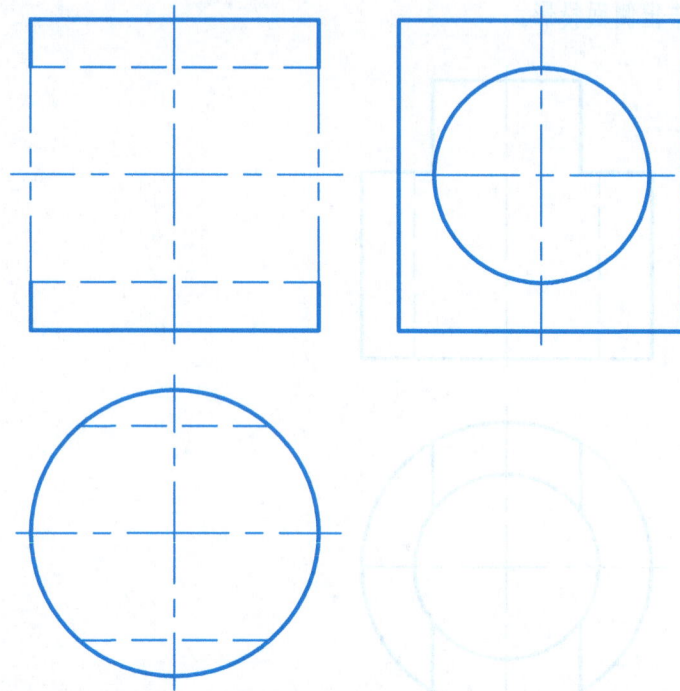

3-9 作出正面投影的相贯线。

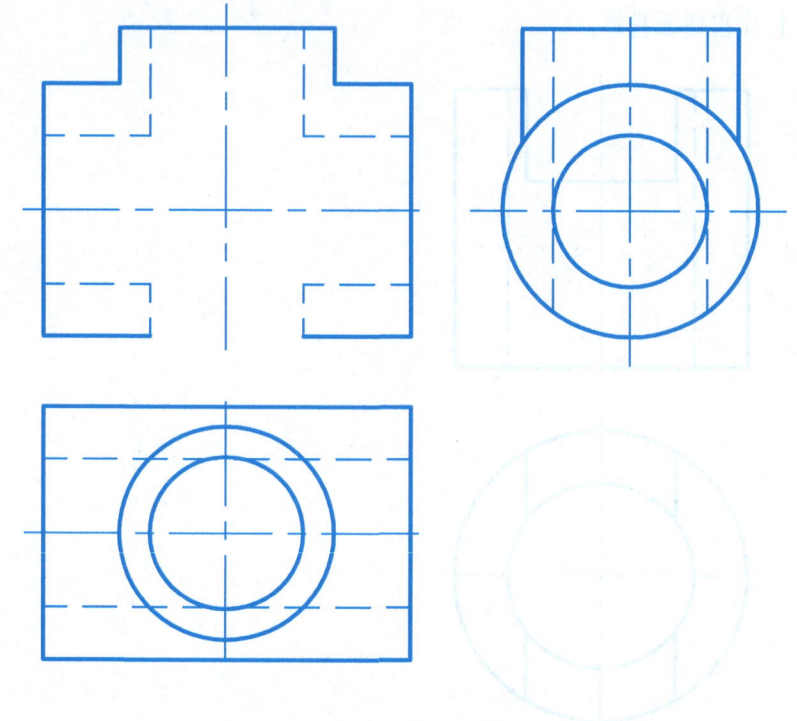

3-10 求复合回转面正面投影的相贯线,并补全水平投影。

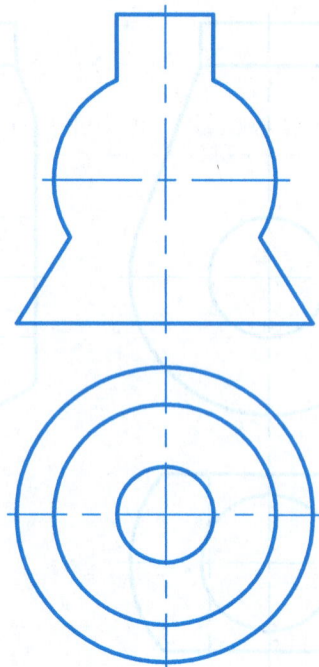

3-11 求圆柱与圆锥相贯线的投影(水平投影选做)。

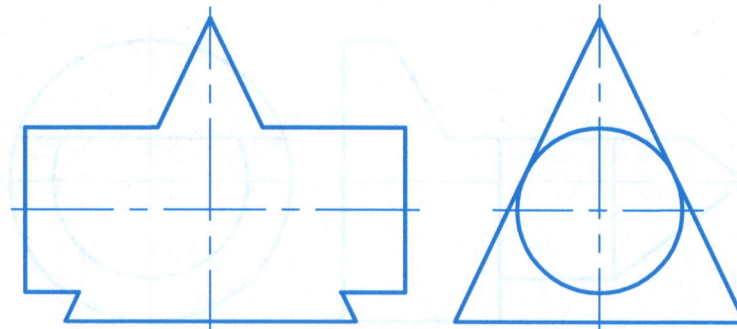

3-12 求出圆台与圆柱正交的相贯线。

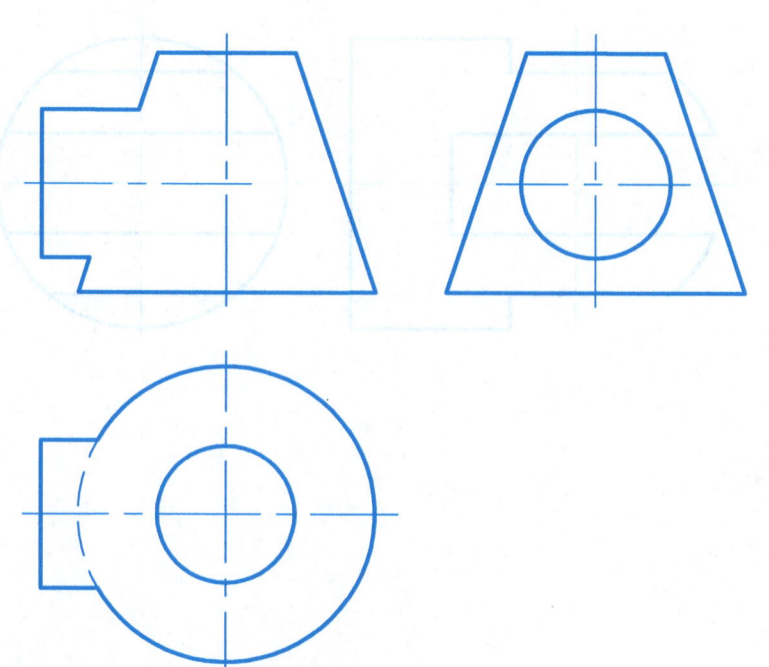

3-13 补全各视图所缺相贯线。

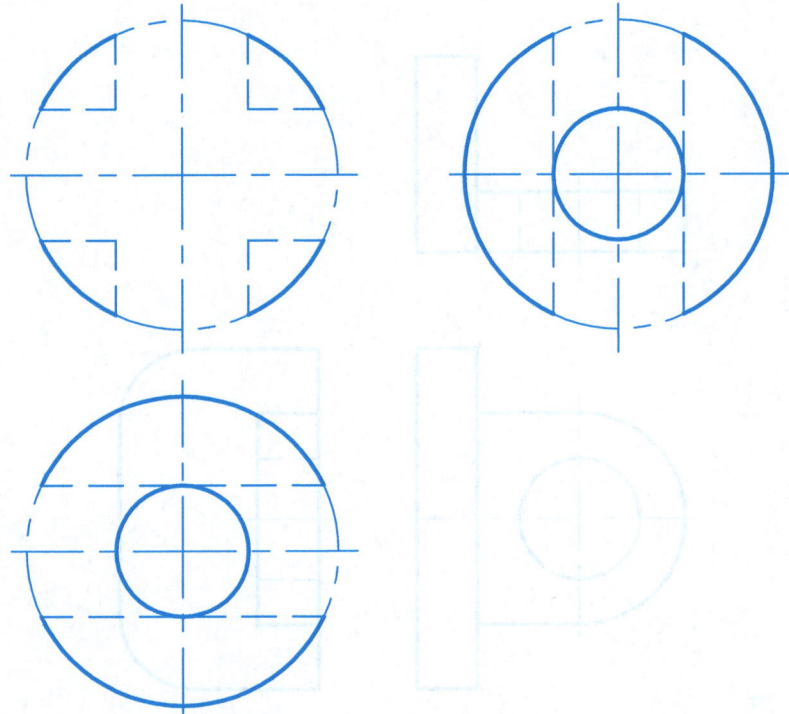

3-14 根据给出的投影, 补画十字拱水平投影的相贯线。

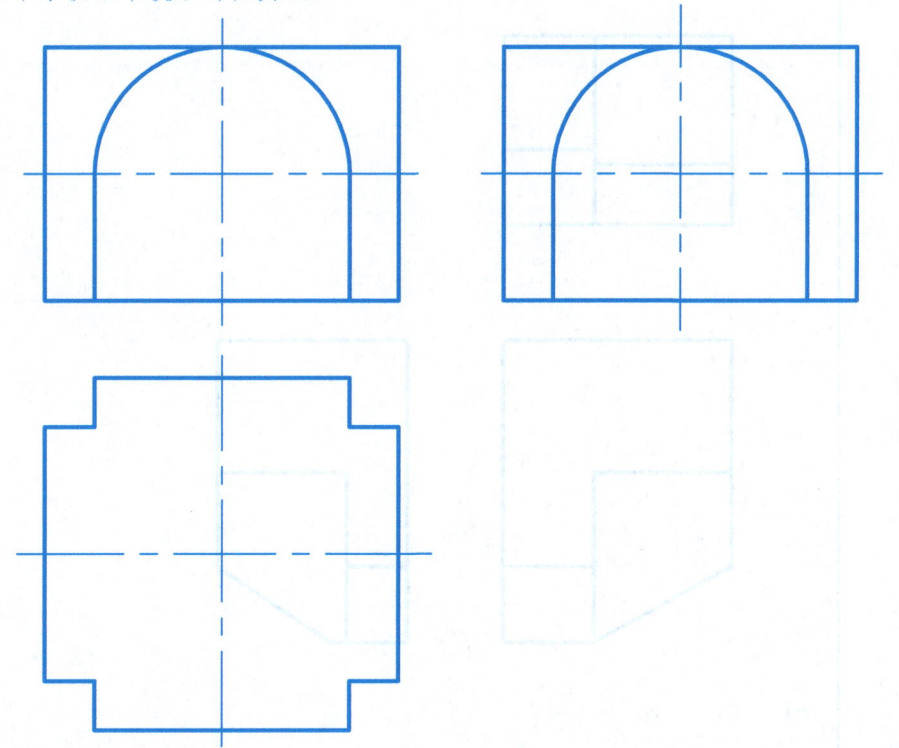

3-15 根据给出的投影, 补全水平投影和侧面投影。

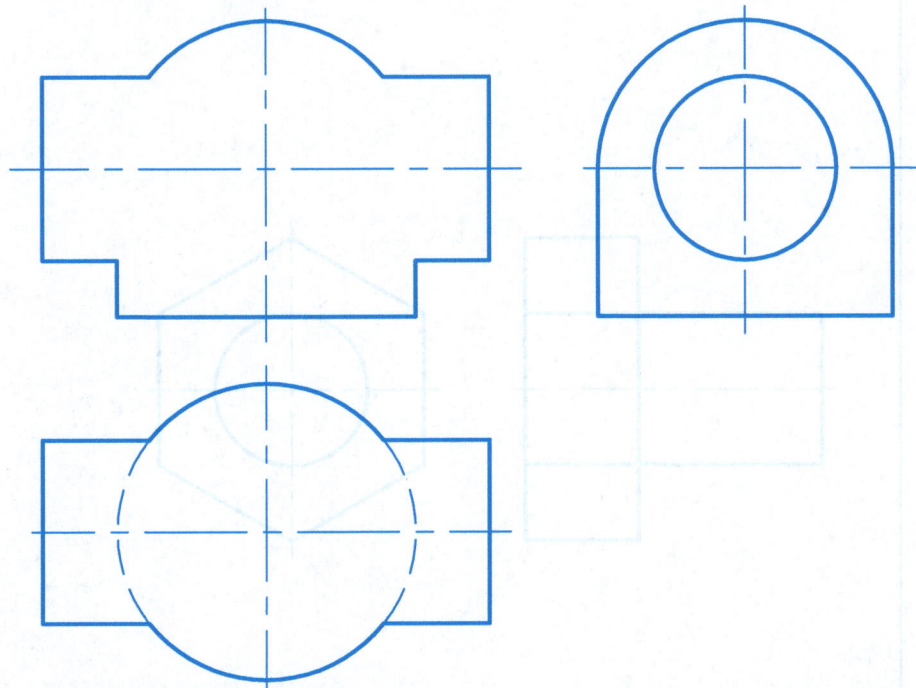

3-16 求作三圆柱相交的正面投影所缺图线。

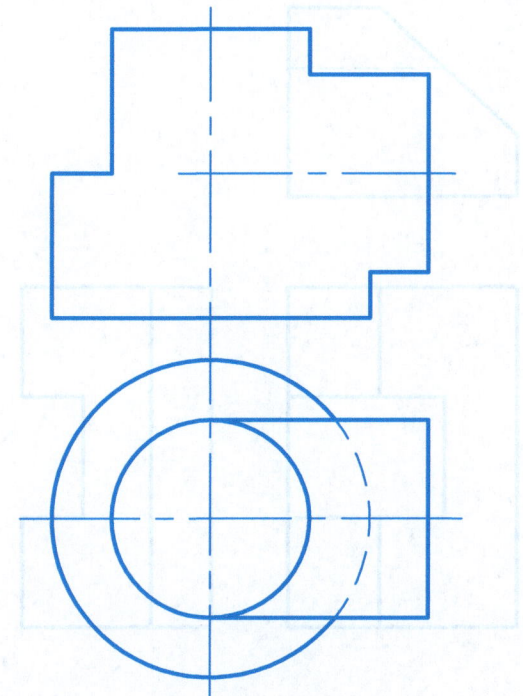

4-1 作出下列物体的正等轴测图。

1.
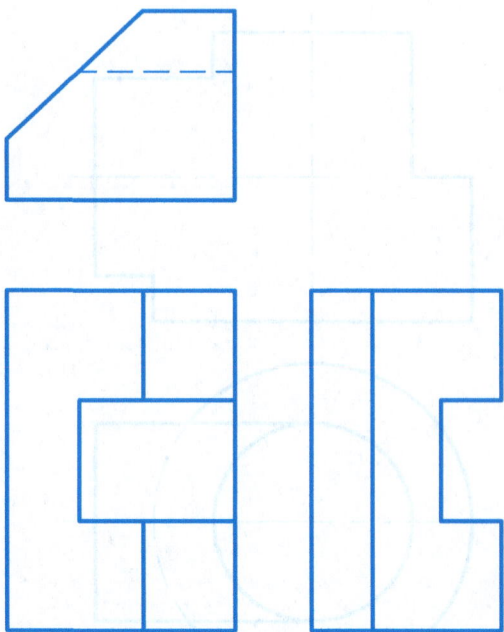

2.
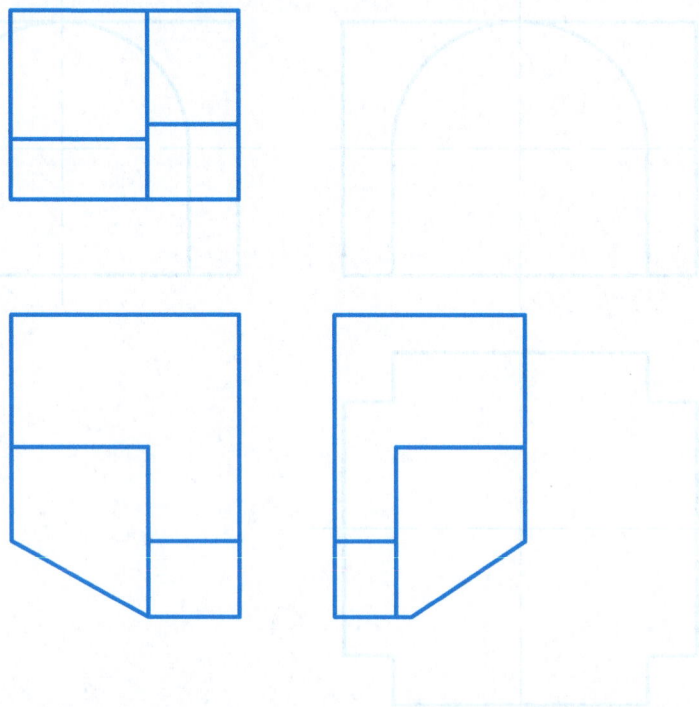

3.
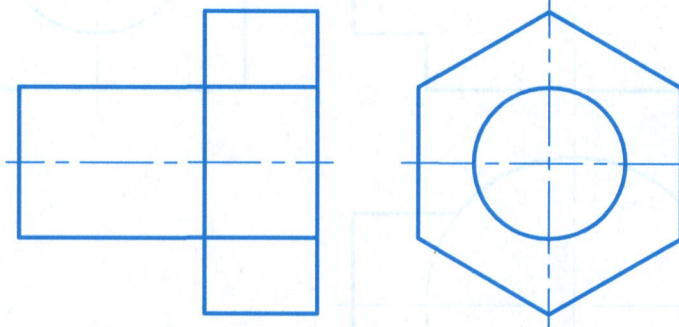

4.
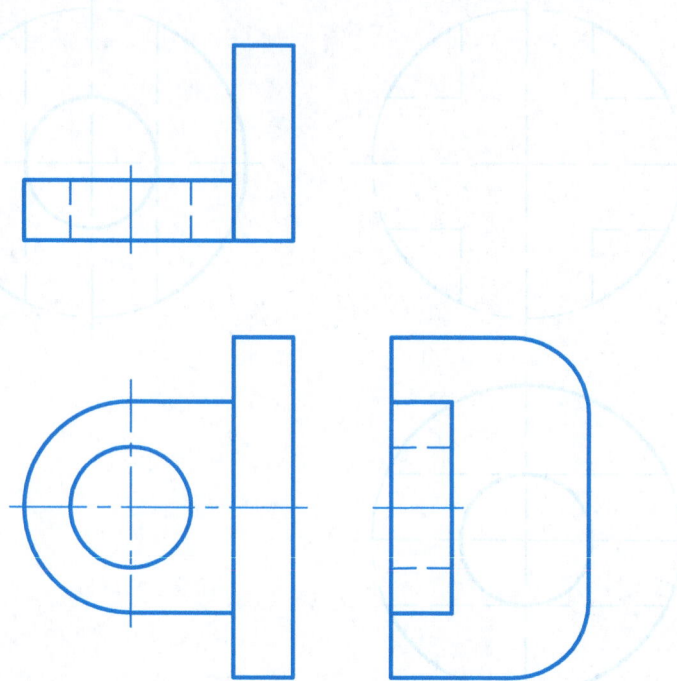

班级　　　　　　姓名　　　　　　学号

4-2 作出下列物体的斜二轴测图。

1.
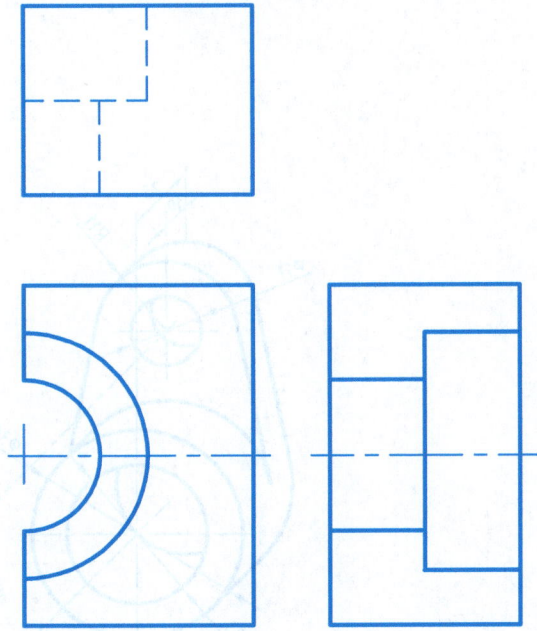

2.
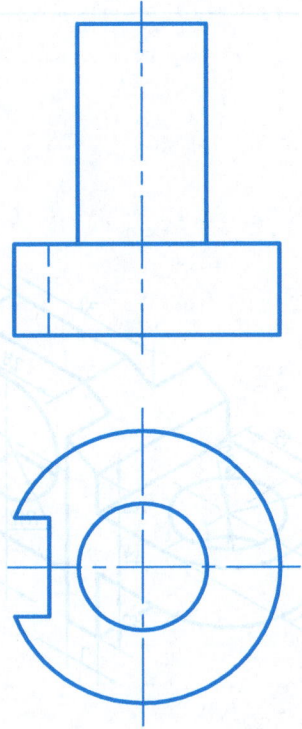

3.
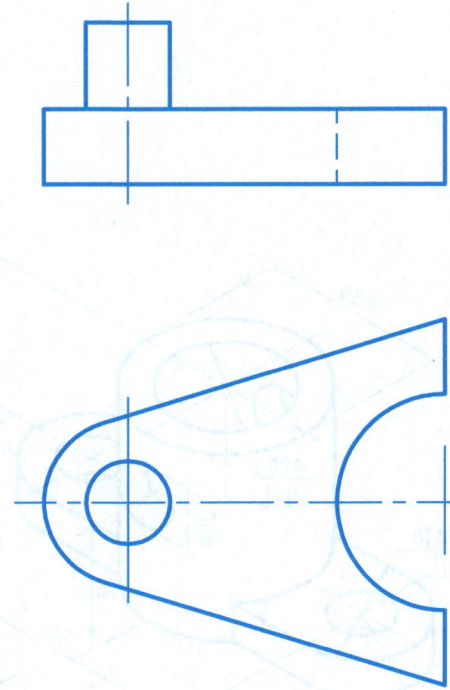

4.
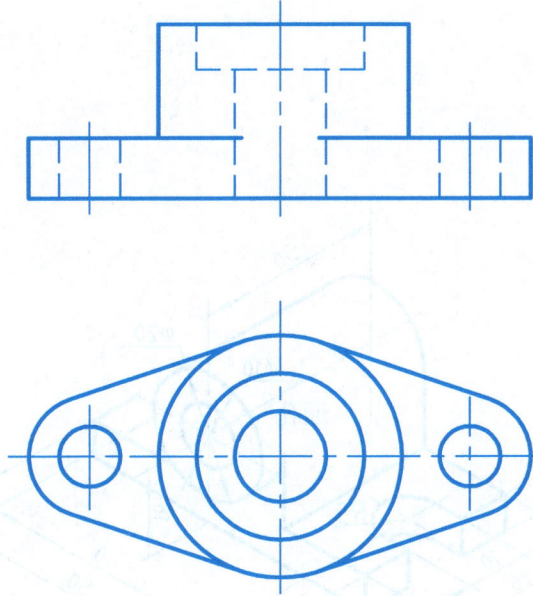

5-1 根据组合体的轴测图及所给尺寸,画出其三视图。

1.

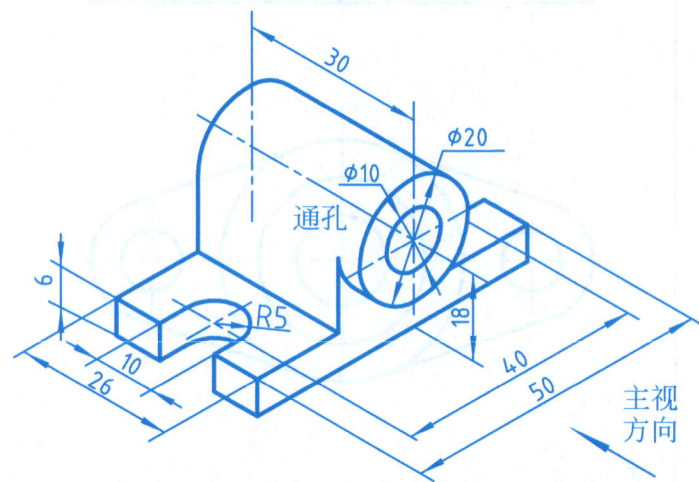

30
Φ20
Φ10
通孔
6
R5
18
40
50
10
26
主视方向

2.

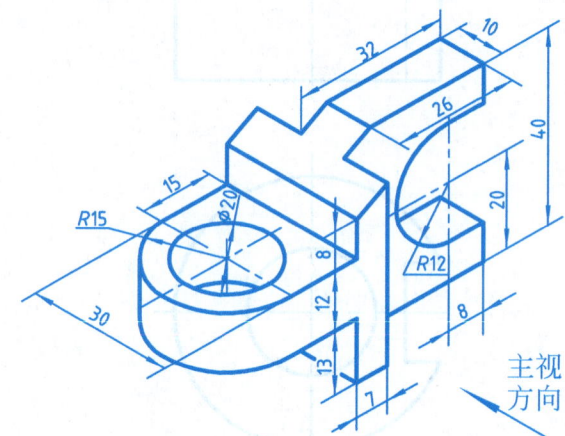

32
10
26
40
15
R15
Φ20
20
8
R12
12
30
8
13
7
主视方向

3.

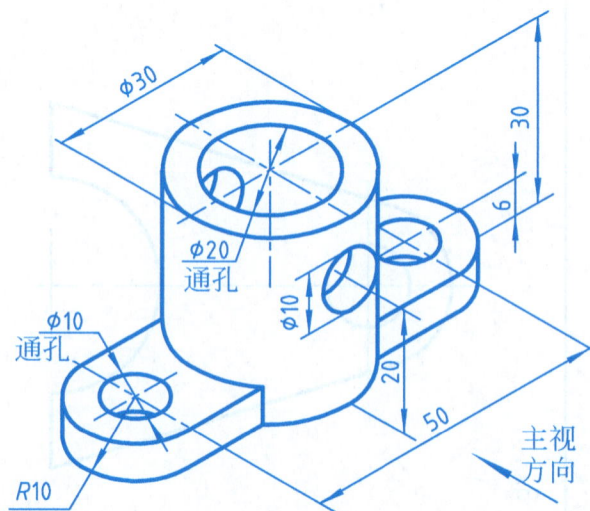

Φ30
30
6
Φ20
通孔
Φ10
20
50
Φ10
通孔
R10
主视方向

4.

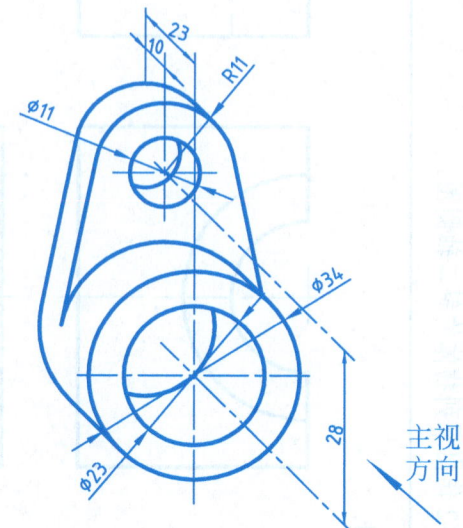

23
10
R11
Φ11
Φ34
Φ23
28
主视方向

5-2 根据组合体的轴测图，补全视图中所缺的图线。

1.

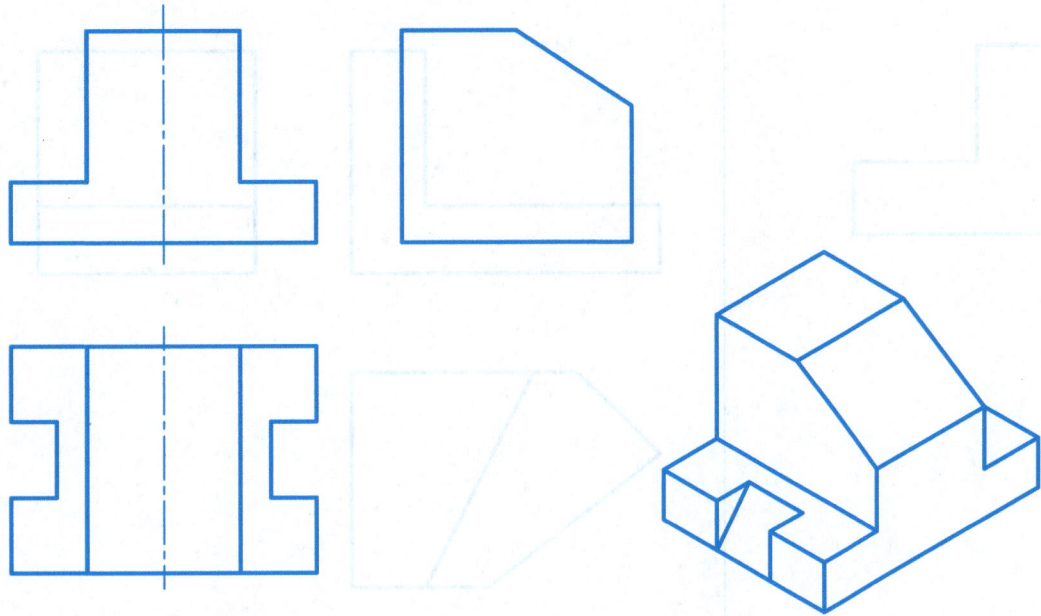

2.

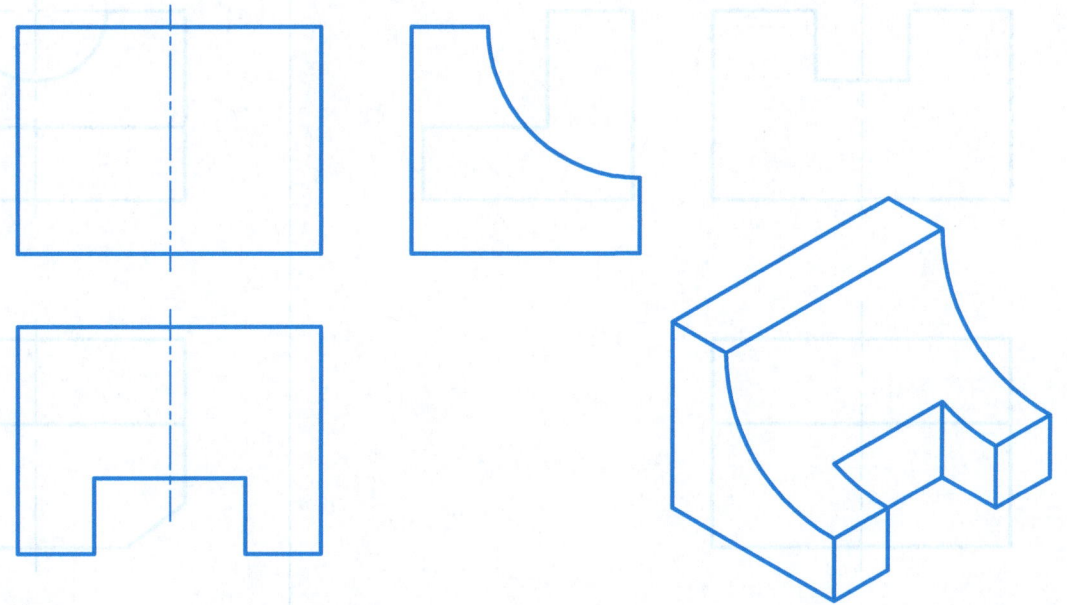

3.

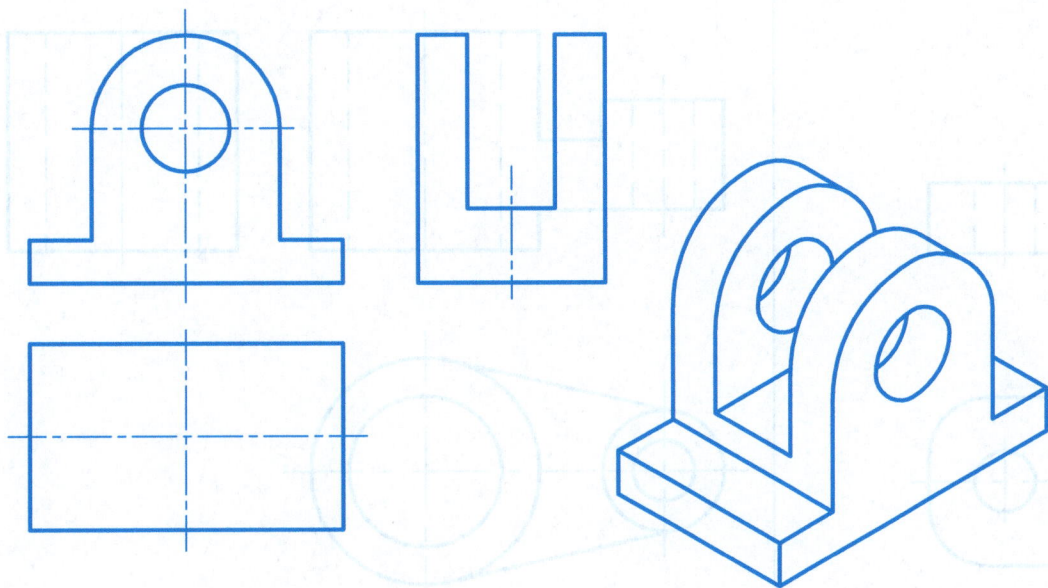

4.

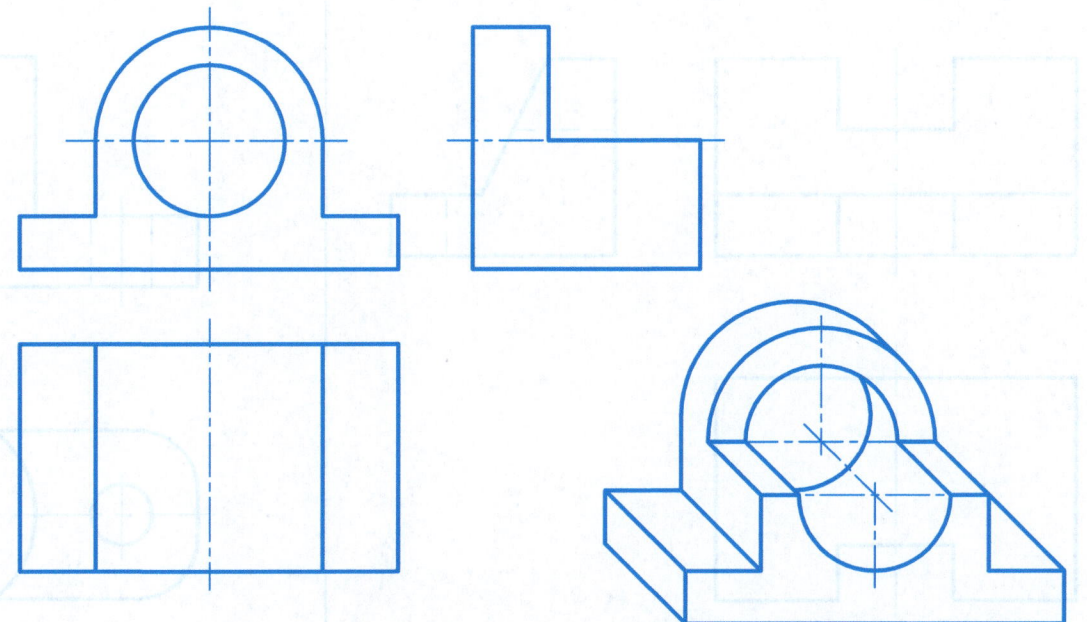

5-3 补画三视图中的缺线(一)。

1.

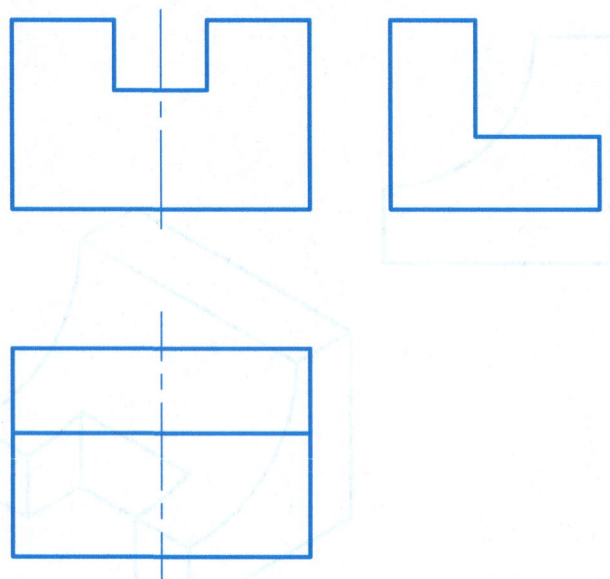

2.

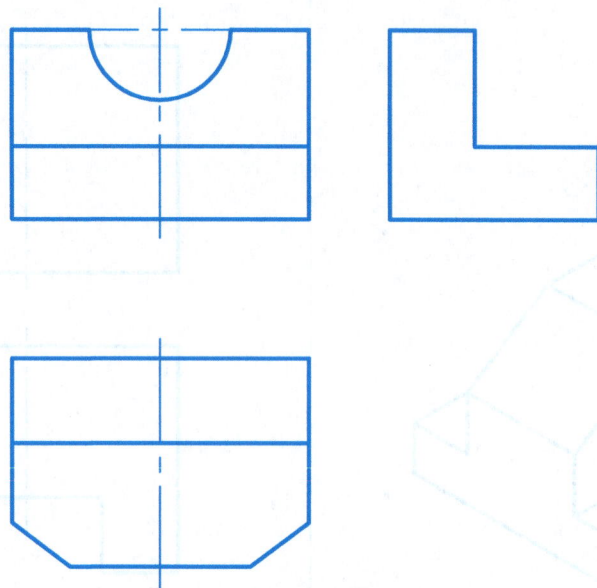

3.

4.

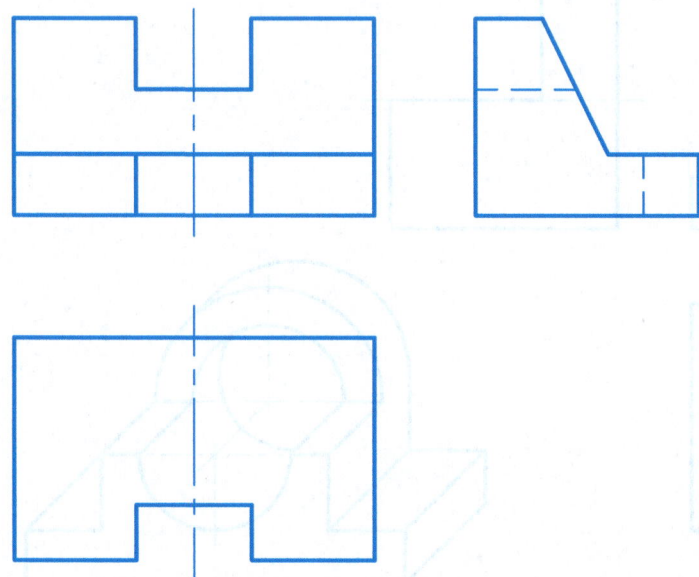

5.

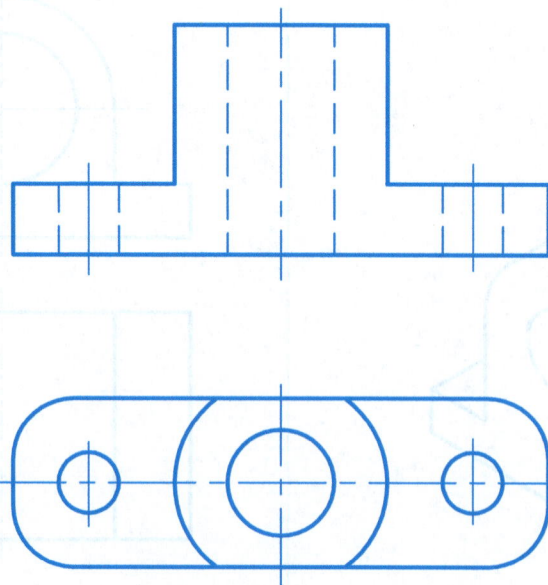

6.

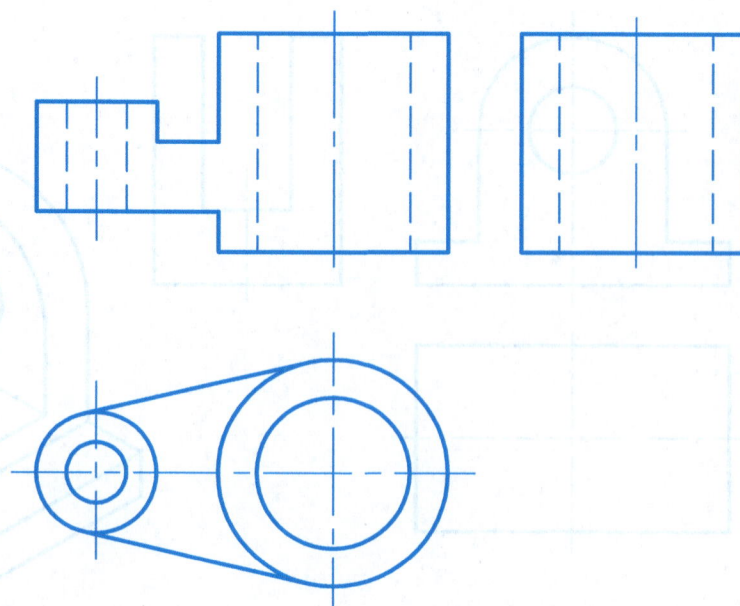

5-4 补画三视图中的缺线(二)。

1.

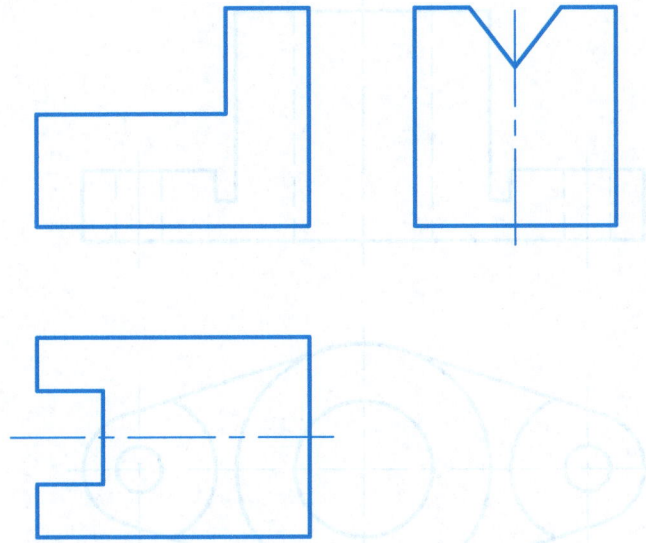

2.

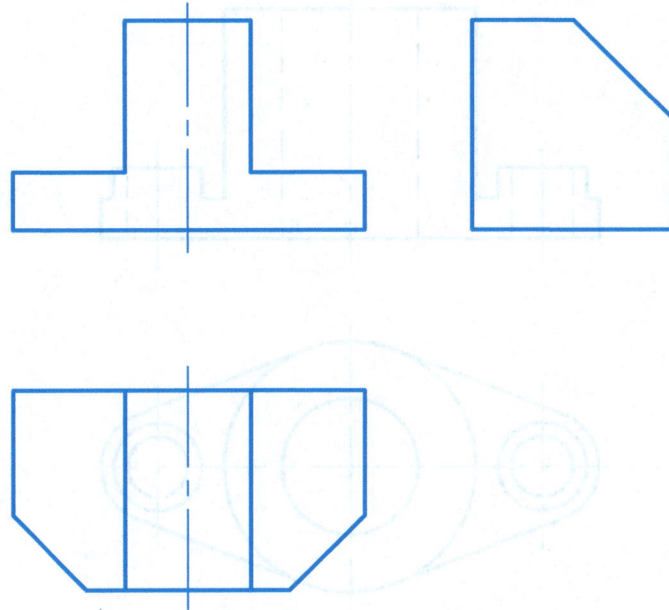

3.

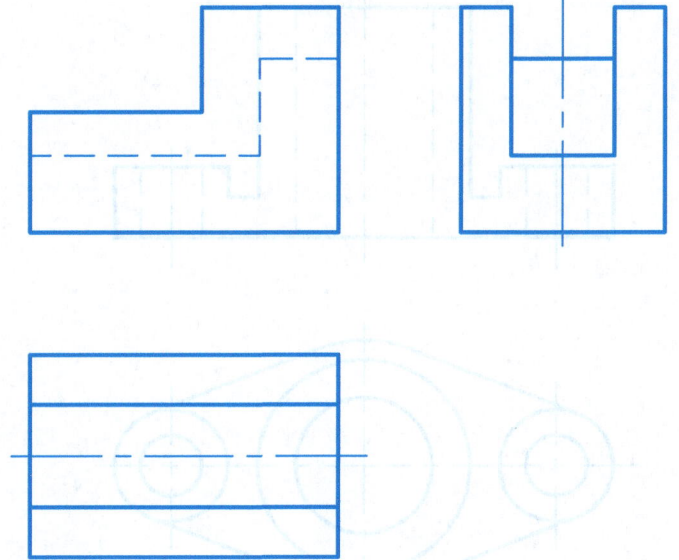

4.

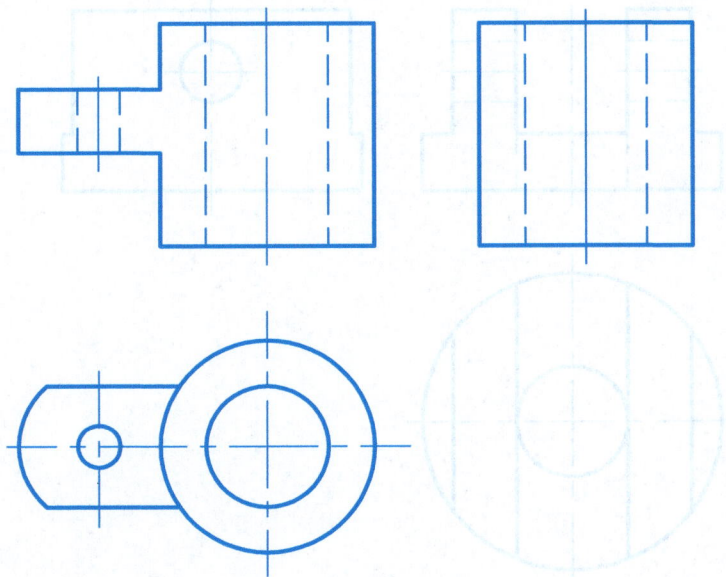

5.

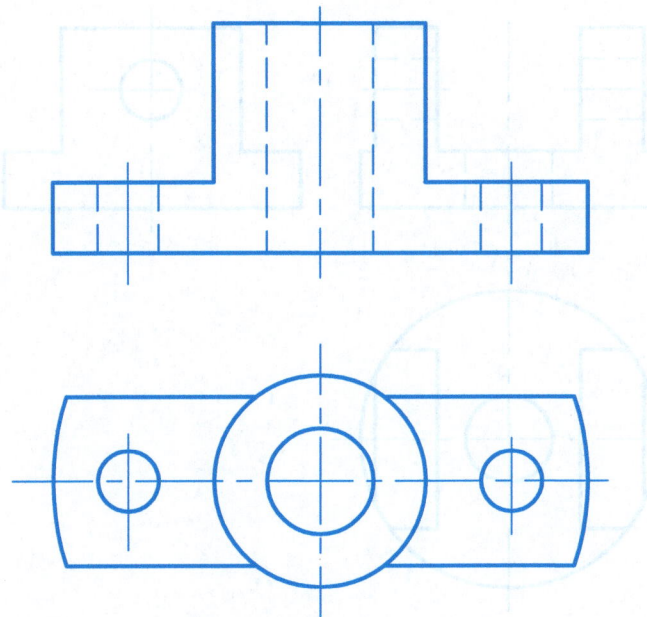

6.

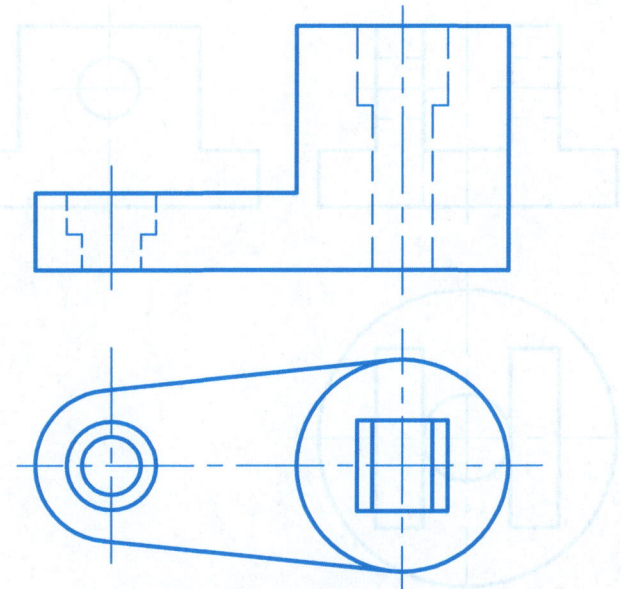

5-5 注意下列组合体结构的不同点, 补画所缺的线条。

1.

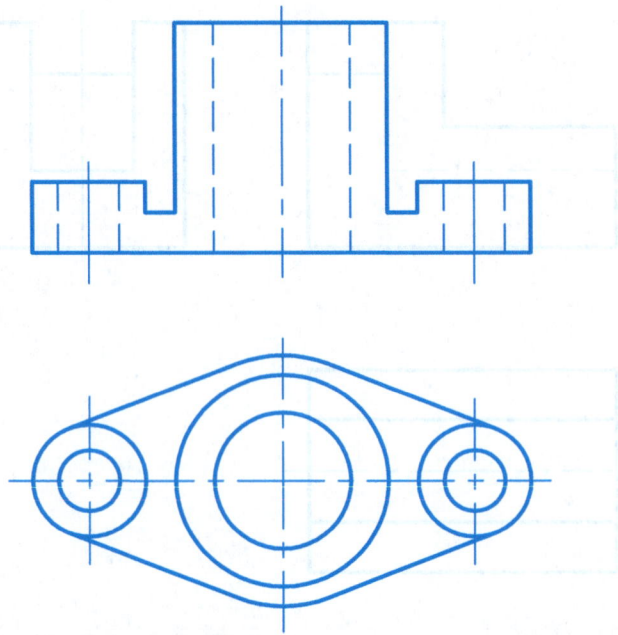

2.

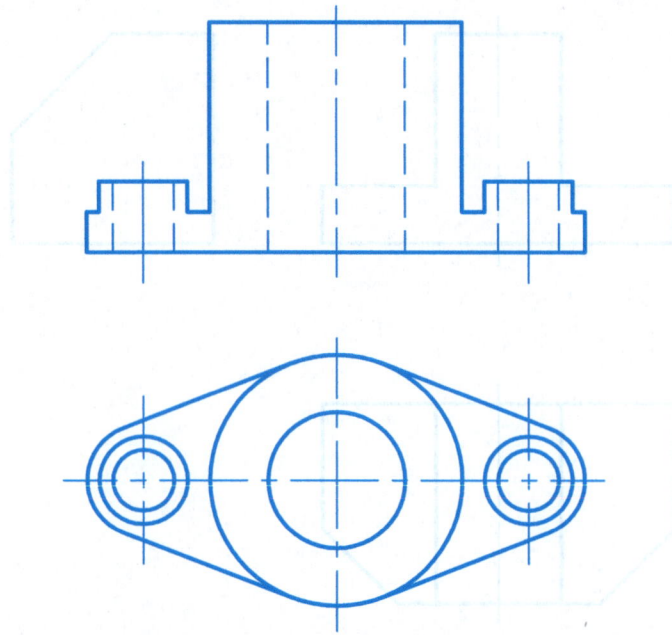

3.

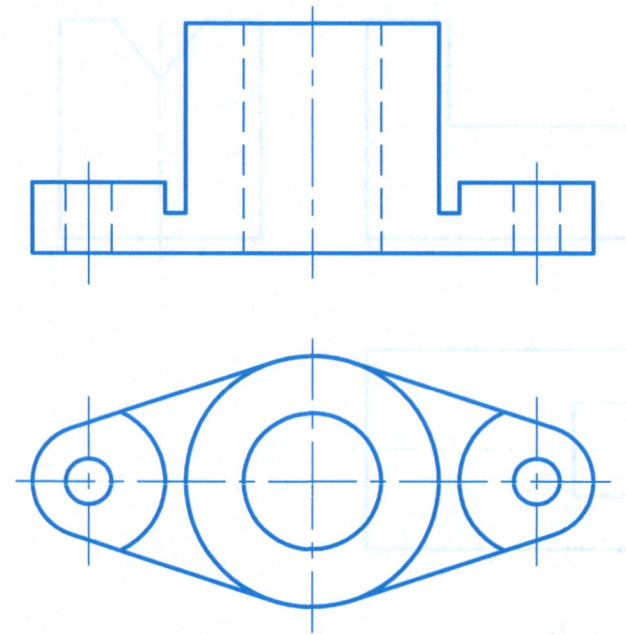

4.

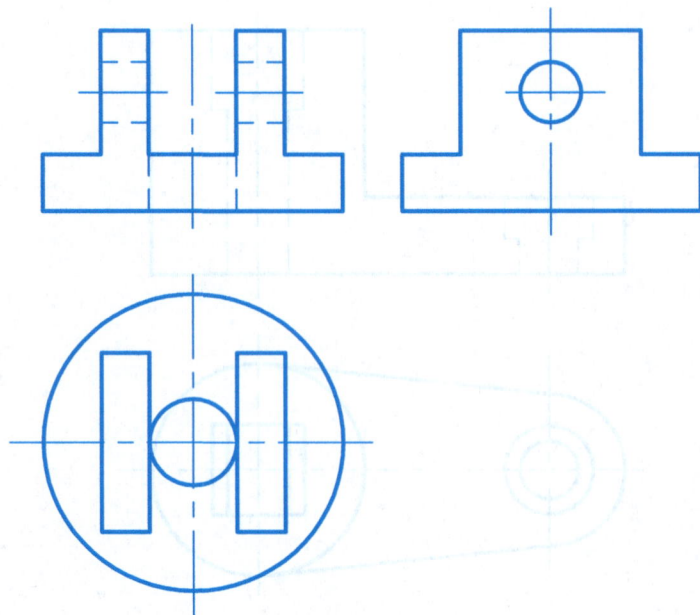

5.

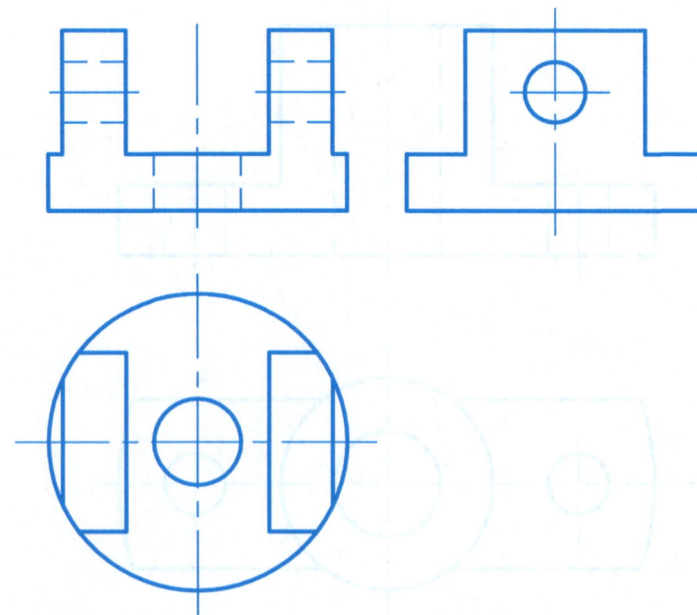

6.

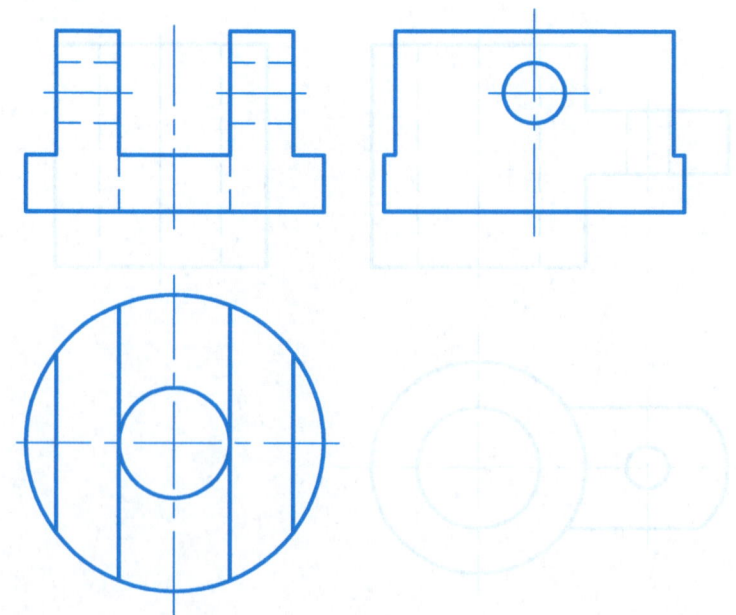

5-6 读懂两视图后,补画第三视图(一)。

1.

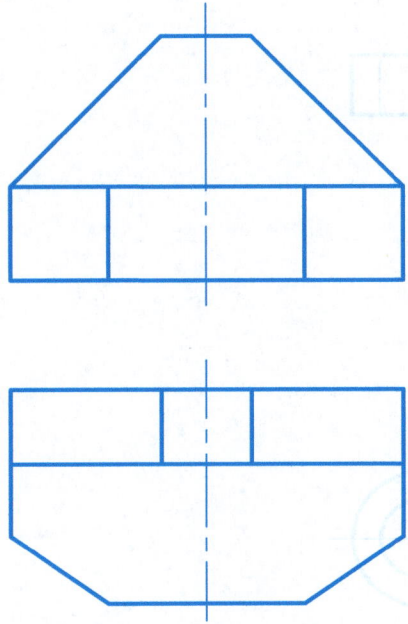

2.

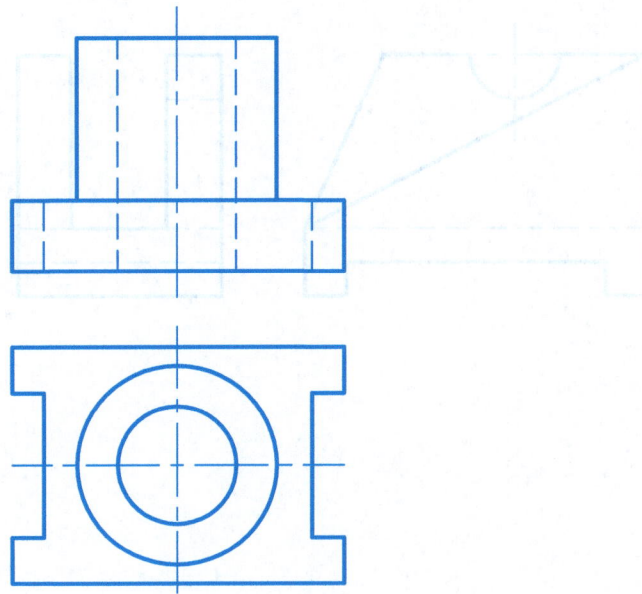

3.

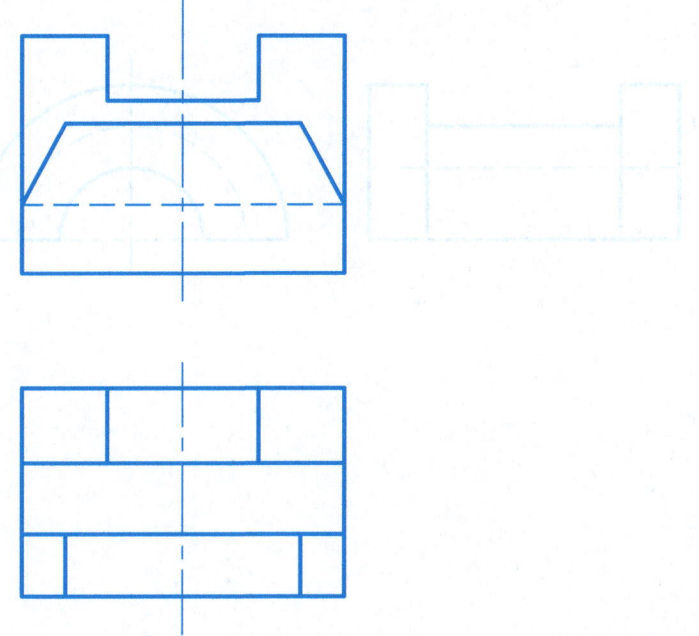

4.

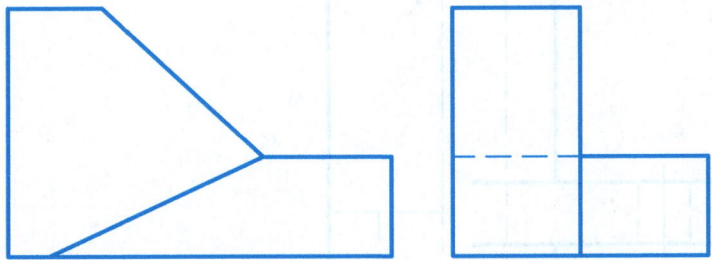

5.

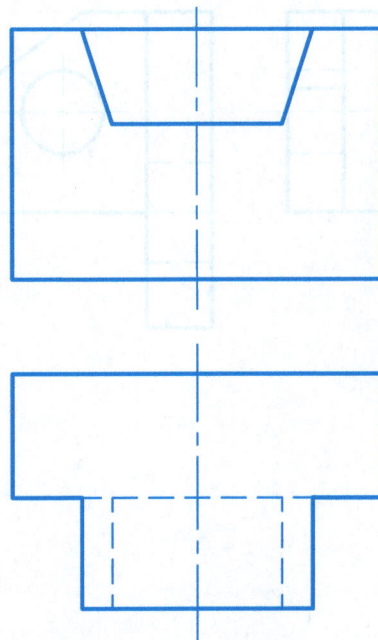

6.

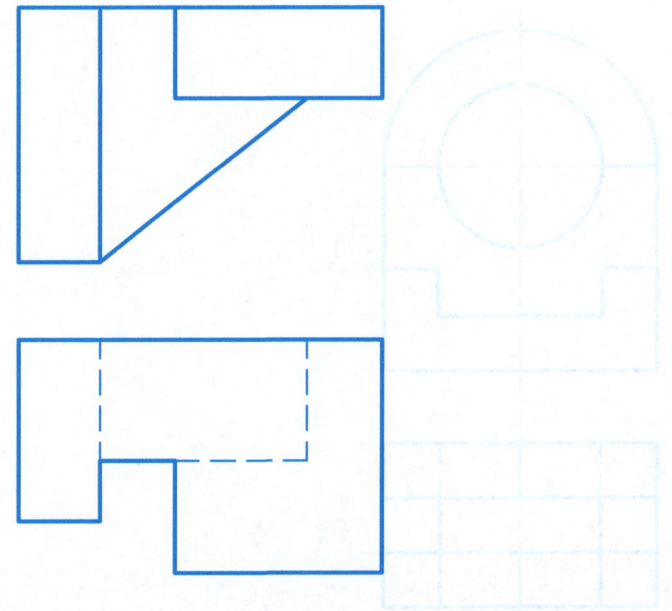

5-7 读懂两视图后，补画第三视图(二)。

1.

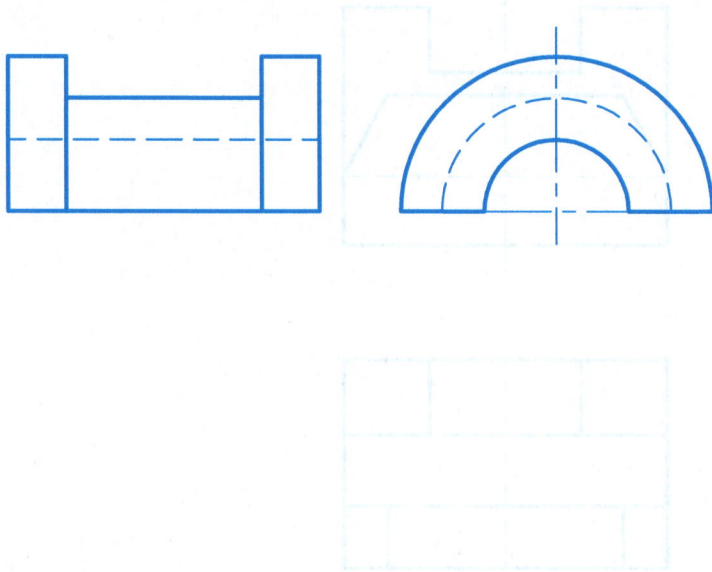

2.

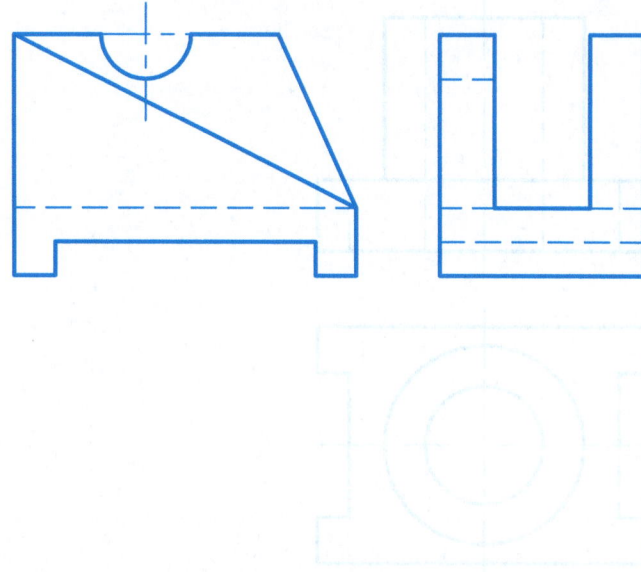

3.

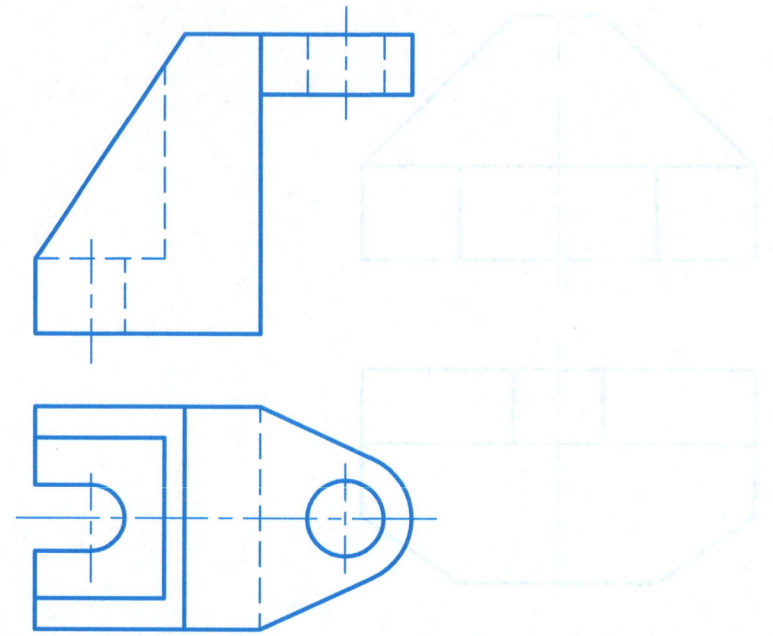

4.

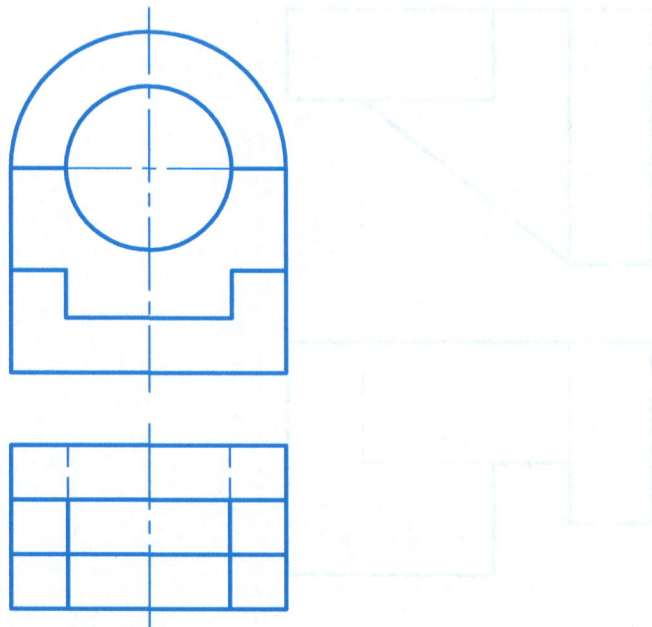

5.

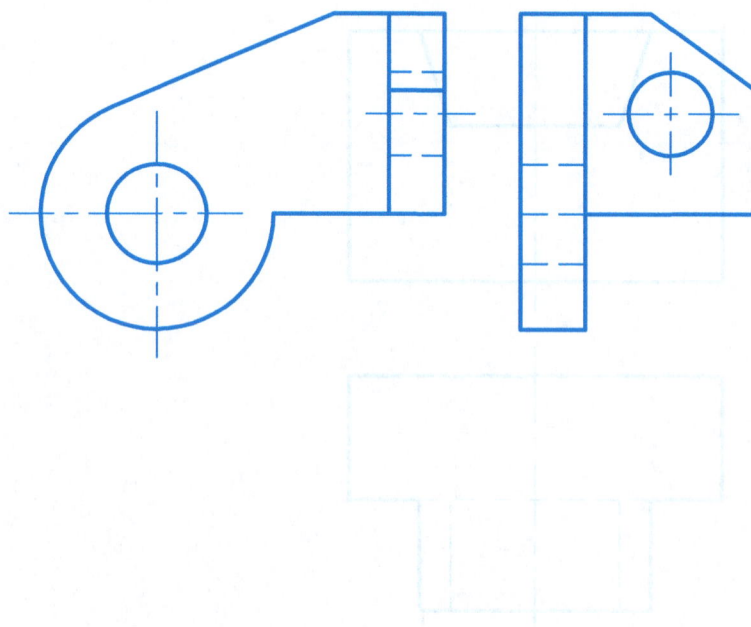

6.

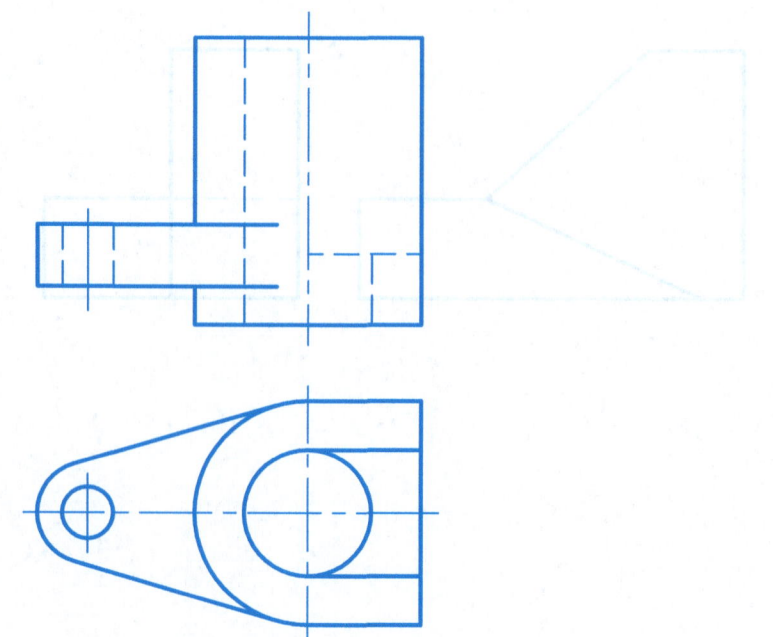

5-8 读懂两视图后,补画第三视图(三)。

1.

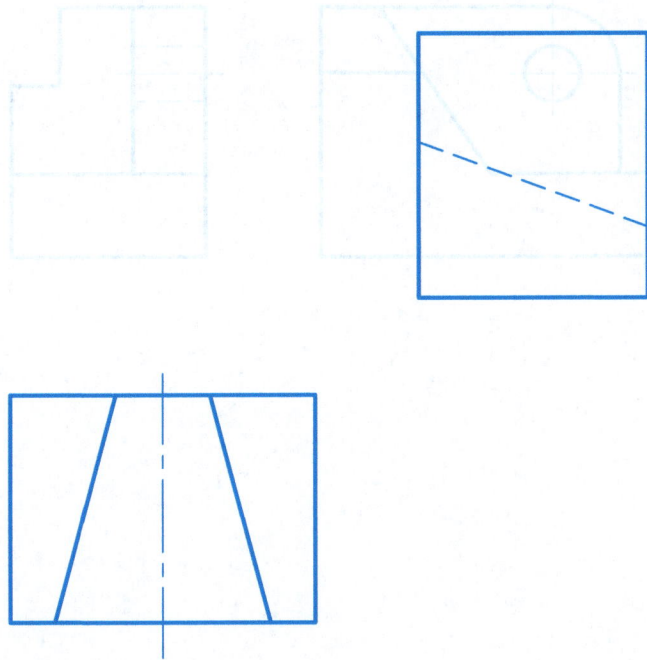

2.

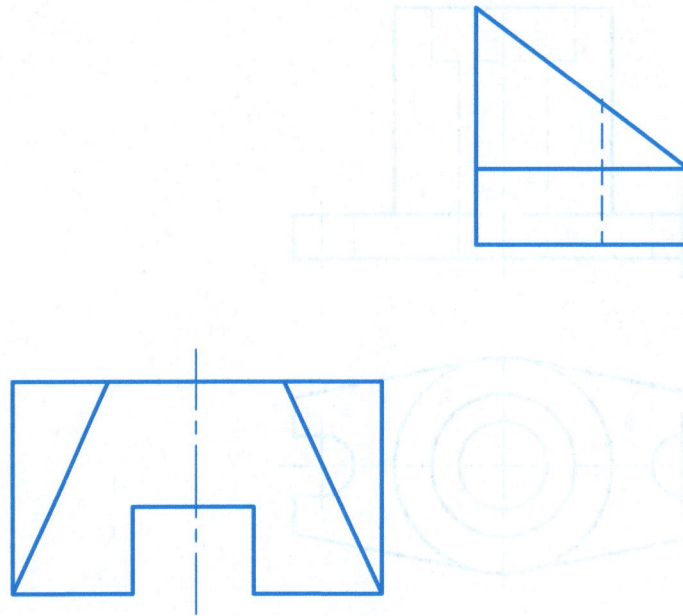

3.

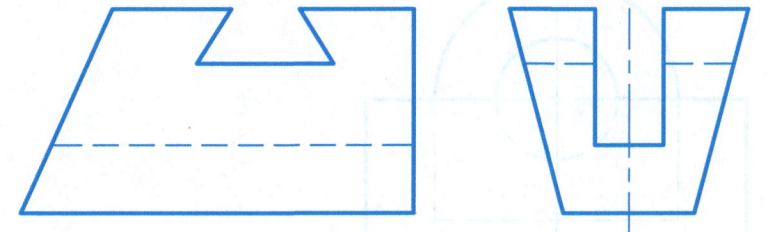

4.

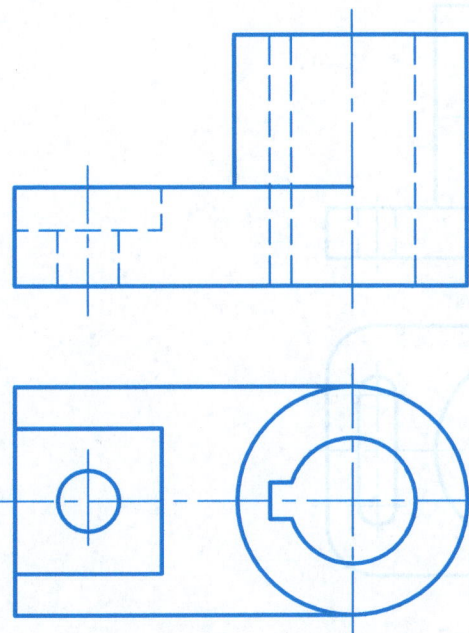

5.

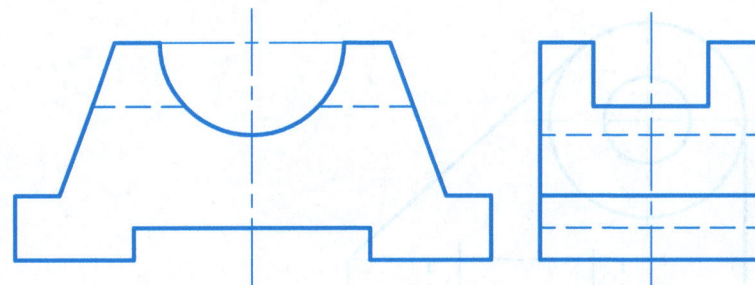

6.

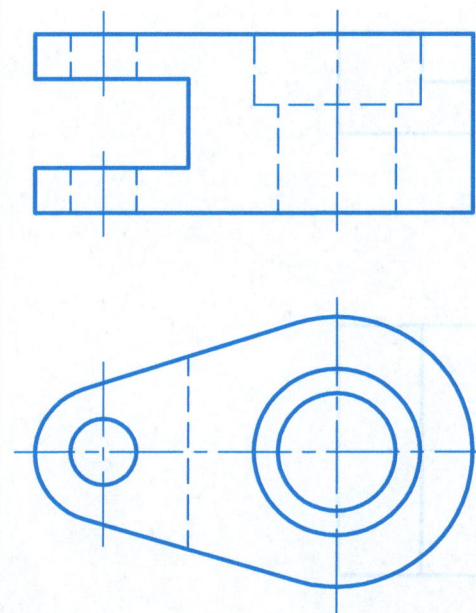

5-9 读懂两视图后,补画第三视图(四)。

1.

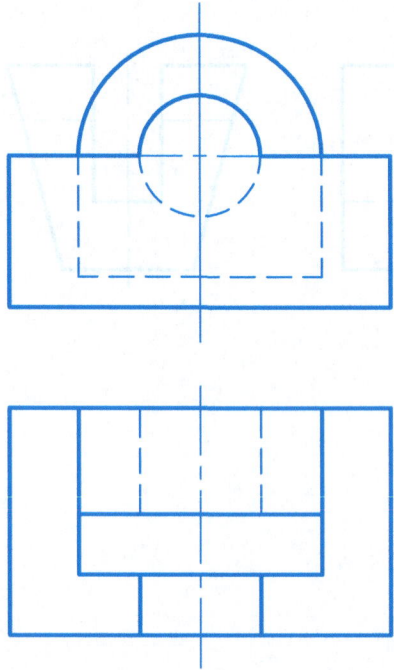

2.

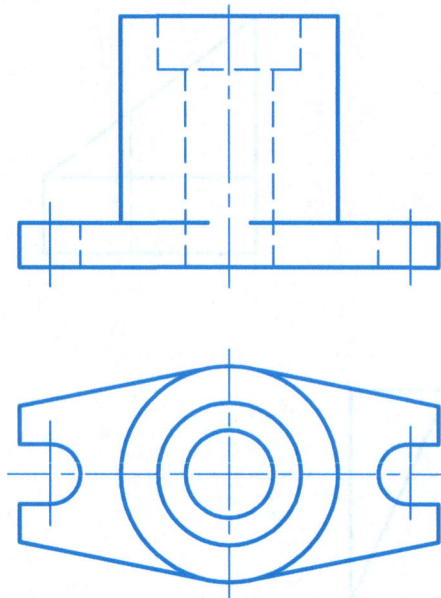

3.

4.

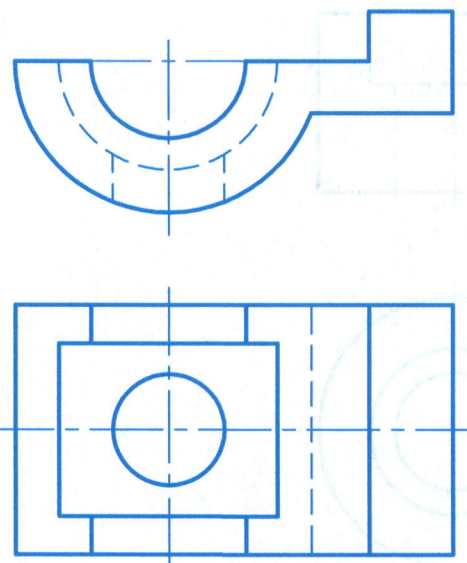

5.

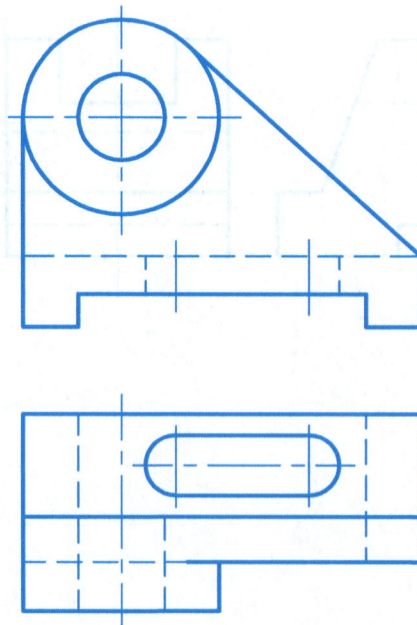

6.

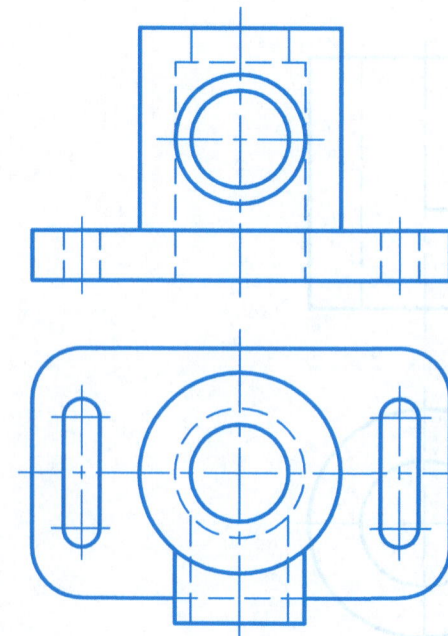

6-1 尺寸注法练习

1.注写尺寸：在给定的尺寸线上画出箭头,填写尺寸数字(尺寸数字按1:1从图上量取，取整)。

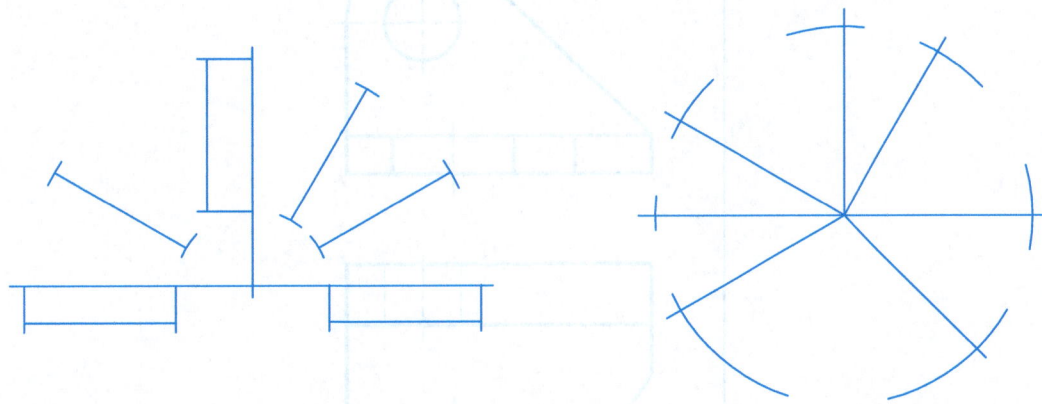

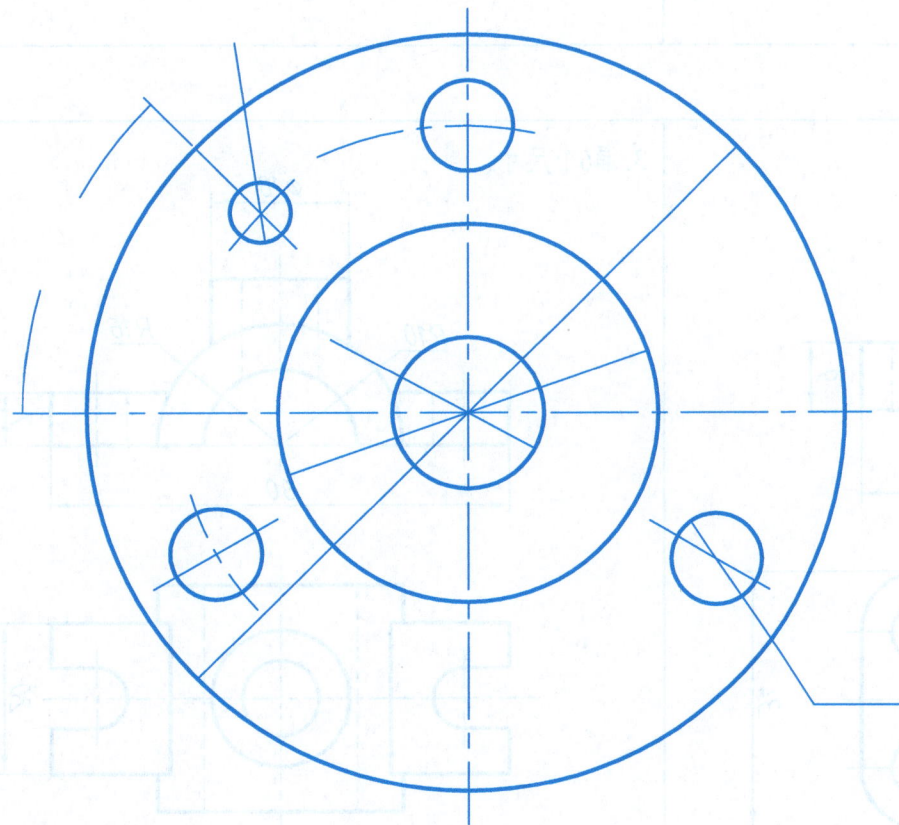

2.尺寸注法改错：指出尺寸标注的错误，并在右边空白图上正确标注。

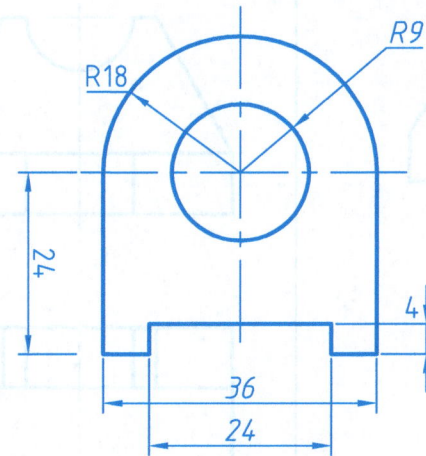

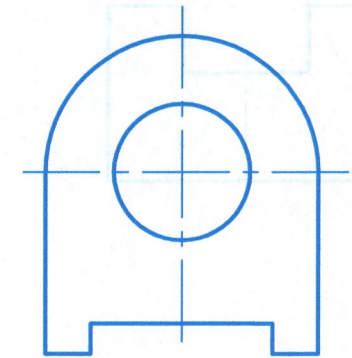

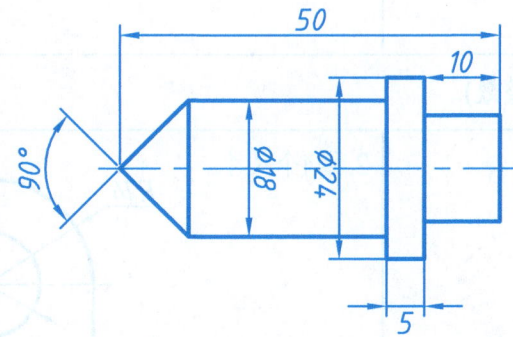

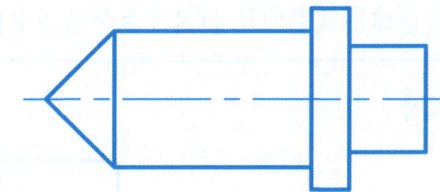

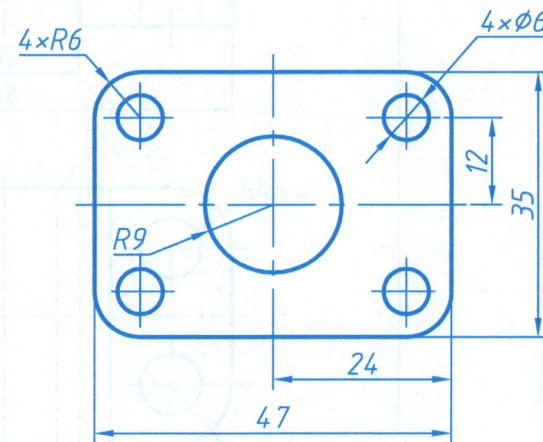

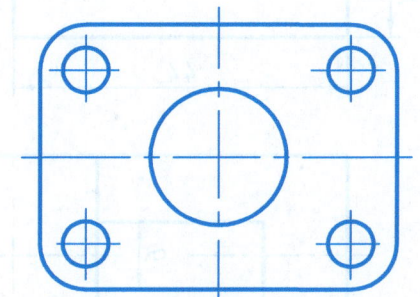

6-2 补画组合体的第三视图并标注尺寸(尺寸数值从图中1:1量取,取整数)。

1.

2.

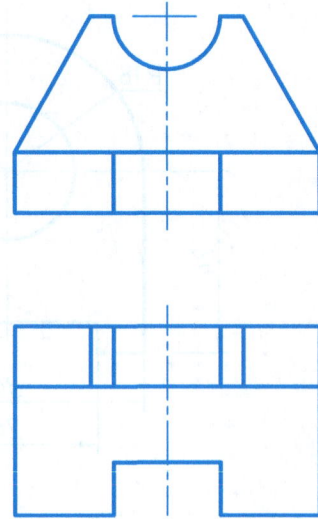

3.

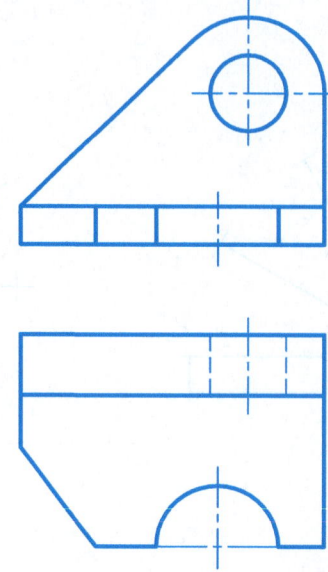

6-3 补全组合体所缺漏的尺寸(尺寸数值从图中1:1量取,取整数)。

1. 漏4个尺寸。

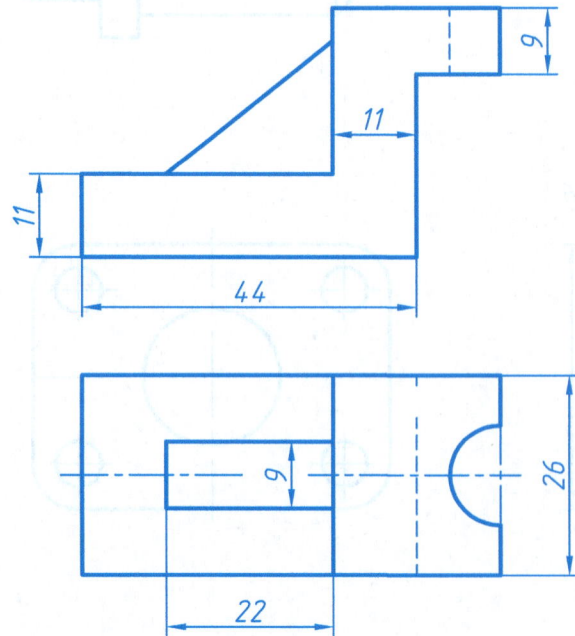

2. 漏4个尺寸。

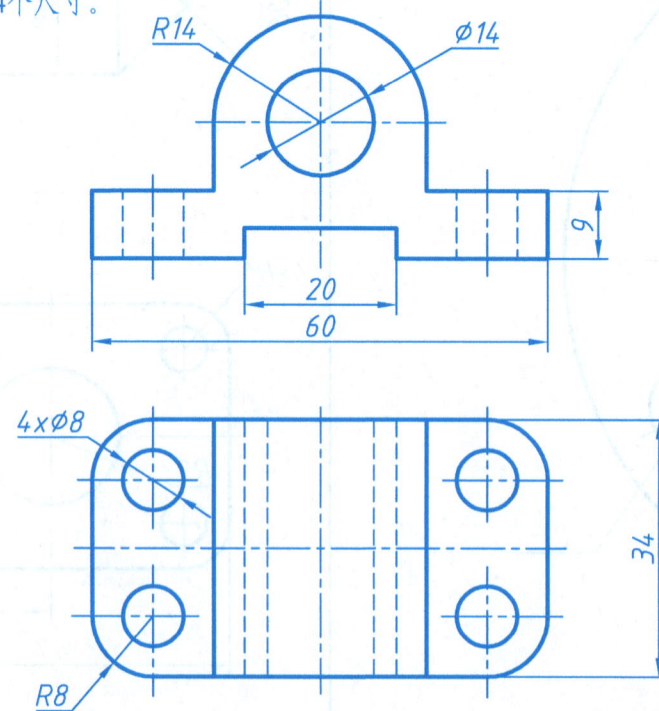

3. 漏6个尺寸。

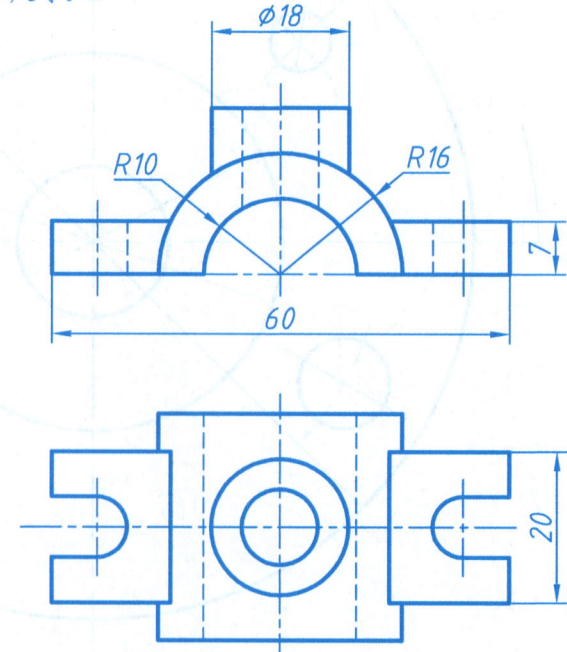

6-4 标注组合体的尺寸(尺寸数值从图中1:1量取,取整数),并填空。

1.

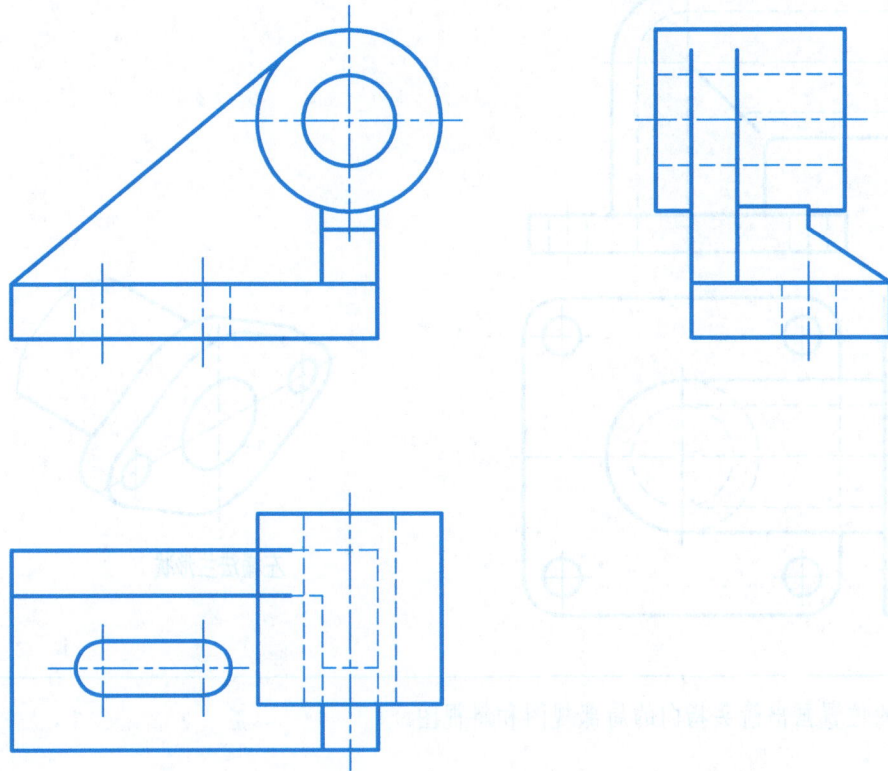

填空

1.长度方向尺寸基准是_____。

2.宽度方向尺寸基准是_____。

3.高度方向尺寸基准是_____。

4.圆筒的定形尺寸为_____, _____和_____。

5.圆筒的长度方向定位尺寸是_____;宽度方向定位尺寸是_____;高度方向定位尺寸是_____。

6.底板的定形尺寸为_____,_____和_____。

7.底板上长圆形孔的定形尺寸是_____和_____,定位尺寸是_____和_____。

2.

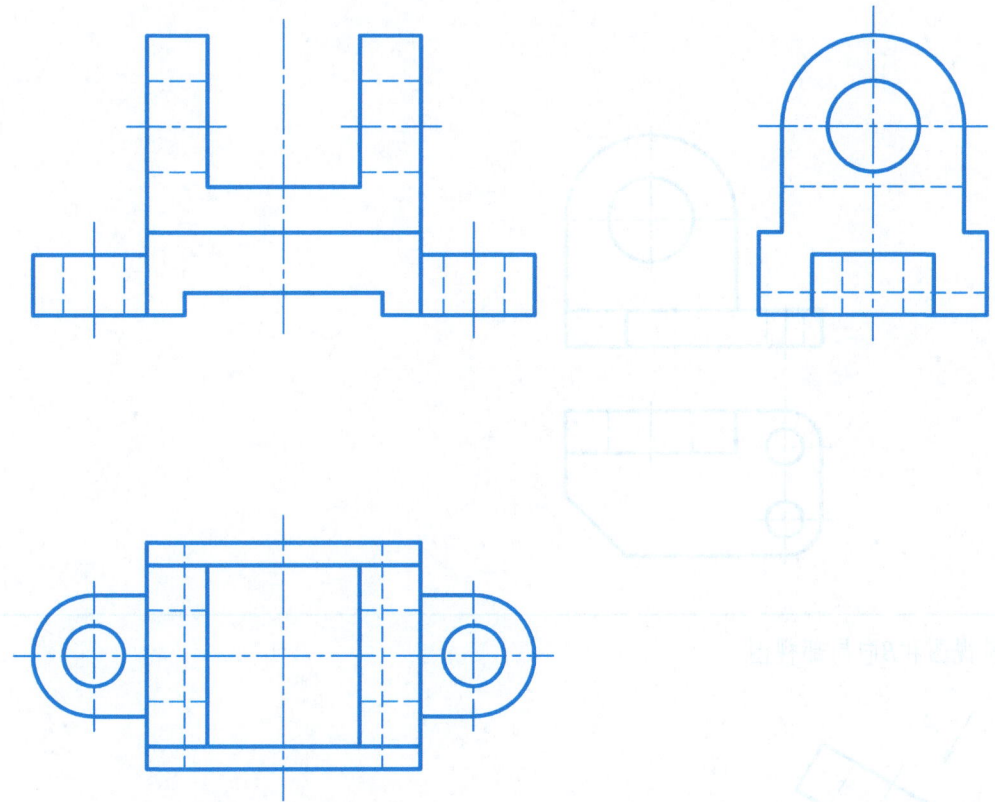

填空

1.长度方向尺寸基准是_____。

2.宽度方向尺寸基准是_____。

3.高度方向尺寸基准是_____。

4.组合体的总长尺寸为_____,总宽尺寸为_____,总高尺寸为_____。

5.俯视图中左右两圆孔的定位尺寸是_____。

6.左视图中圆孔的定位尺寸是_____。

7-1 已知机件的主视图和俯视图，画出其他四个基本视图。

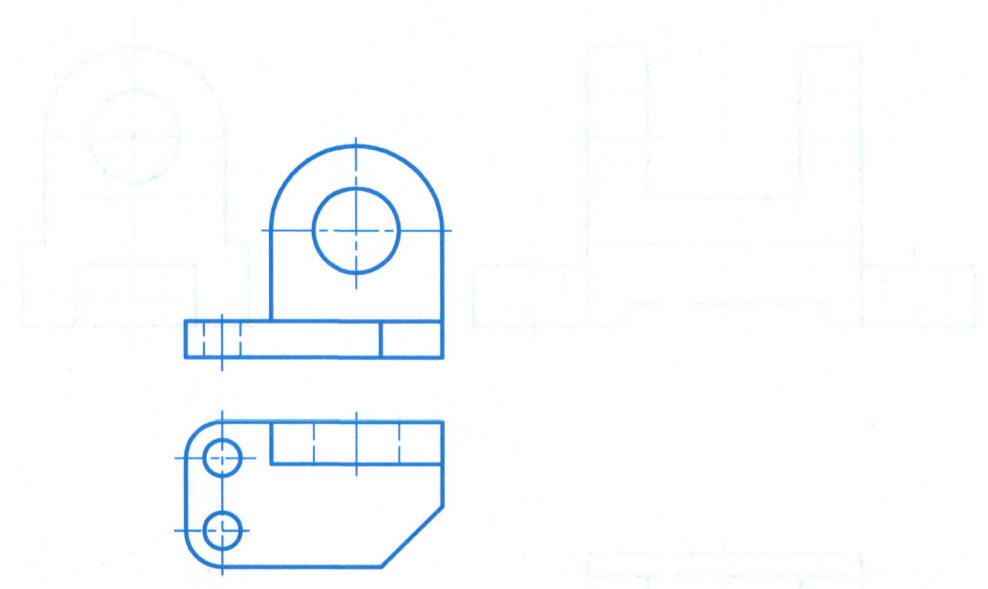

7-2 根据机件的两个视图及部分轴测图，用局部视图画出左端法兰的形状。

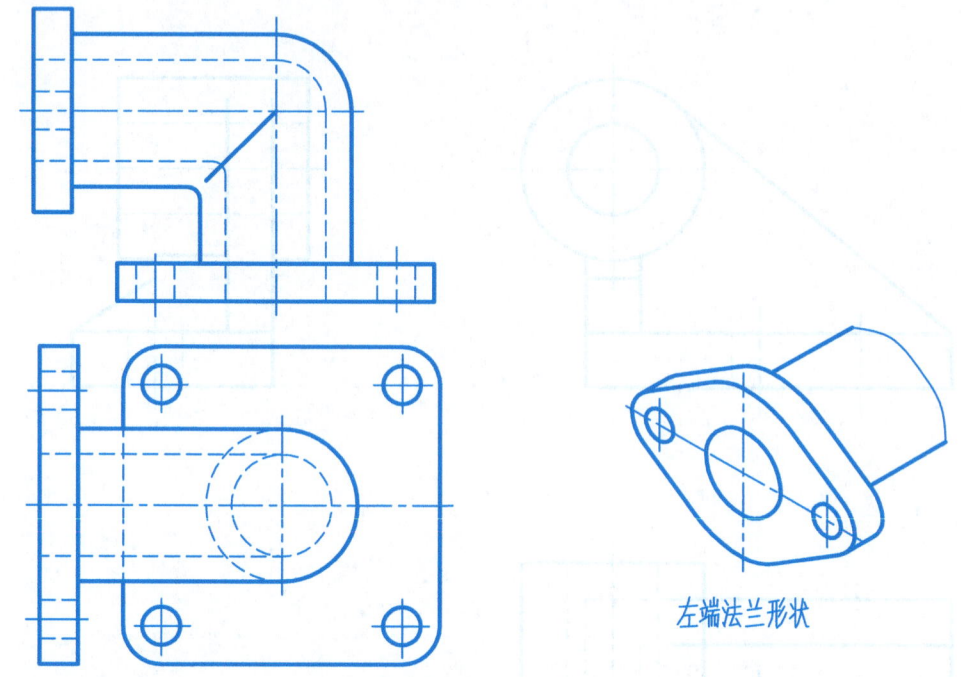

左端法兰形状

7-3 画出 *A* 向斜视图和 *B* 向局部视图。

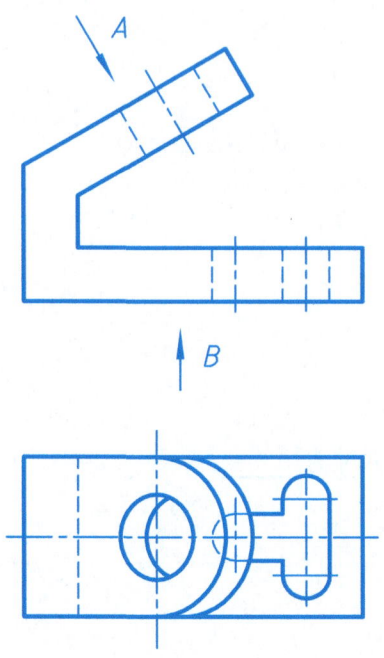

7-4 在指定的位置画出箭头指向的局部视图和斜视图。

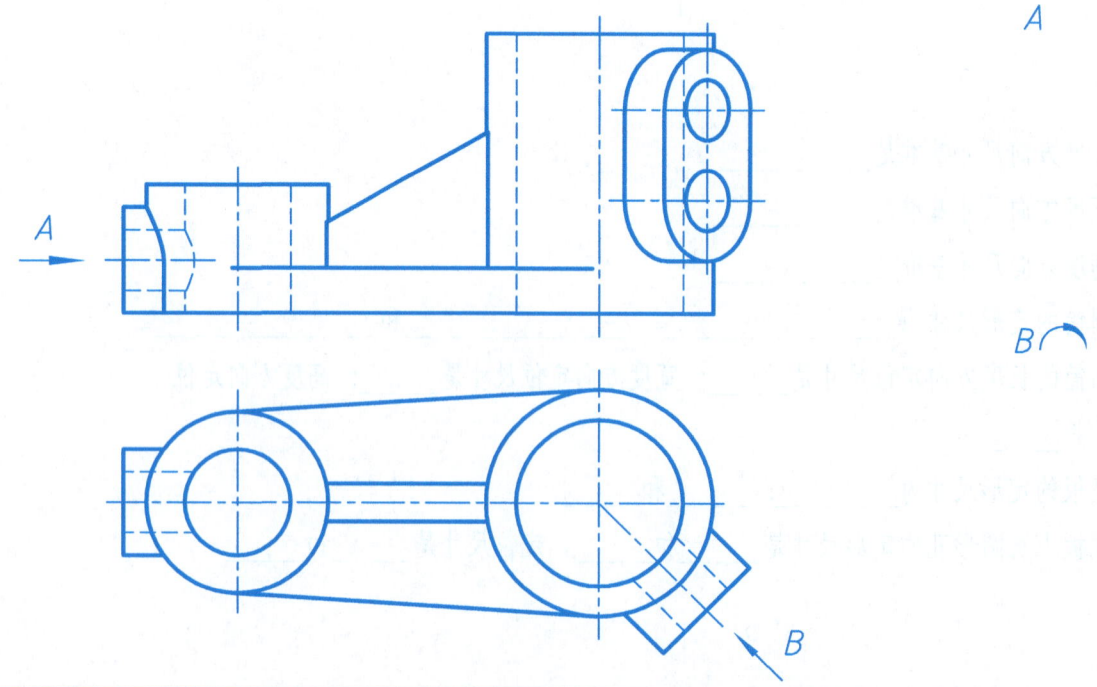

7-5 补画下列剖视图中所缺的图线,在多余的线上画"×"。

1.
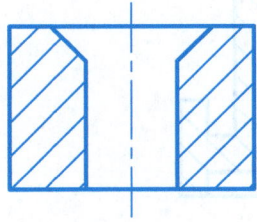

2.
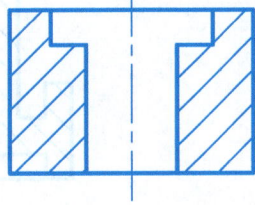

3.
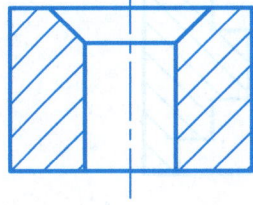

4.
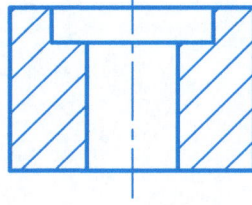

5.
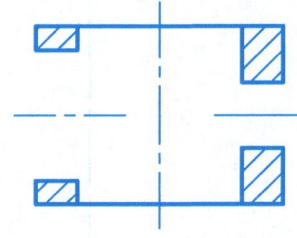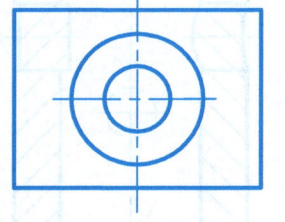

6.
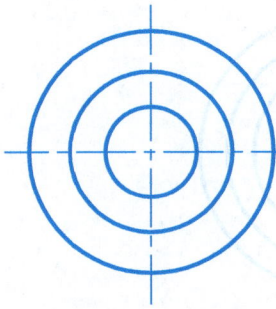

7.
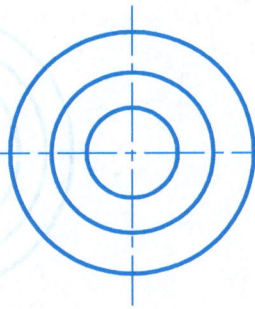

8.
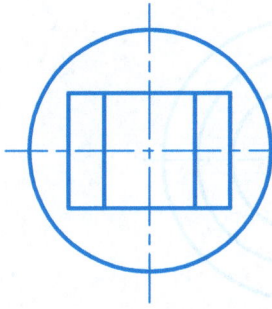

9.
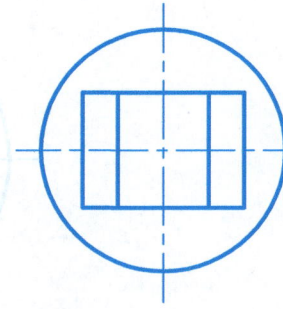

10.
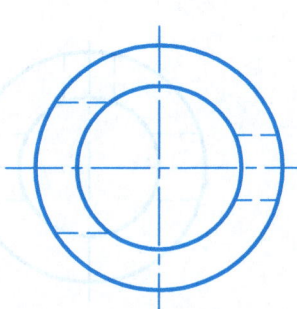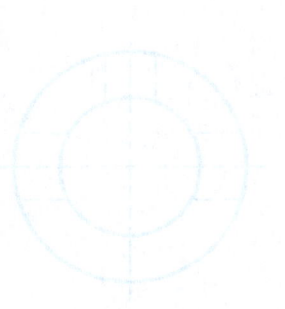

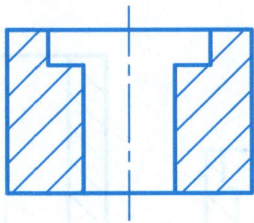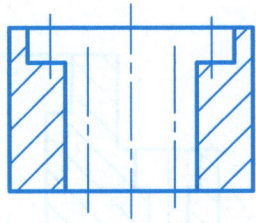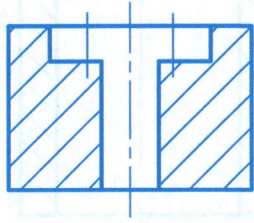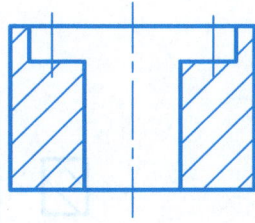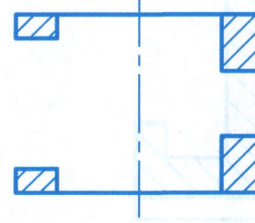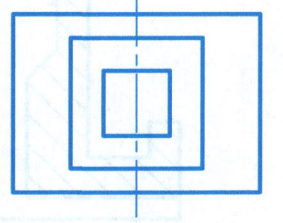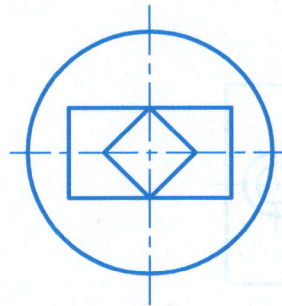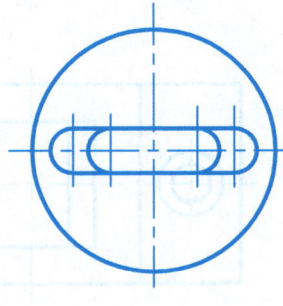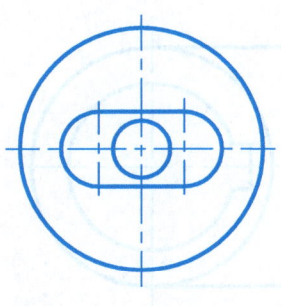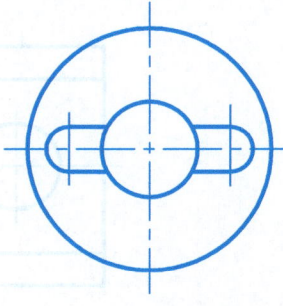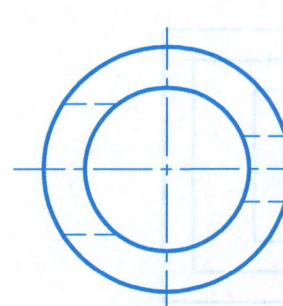

7-6 分析剖视图中的错误画法,在指定位置作正确的剖视图。

7-7 补画下列剖视图中所缺的图线。

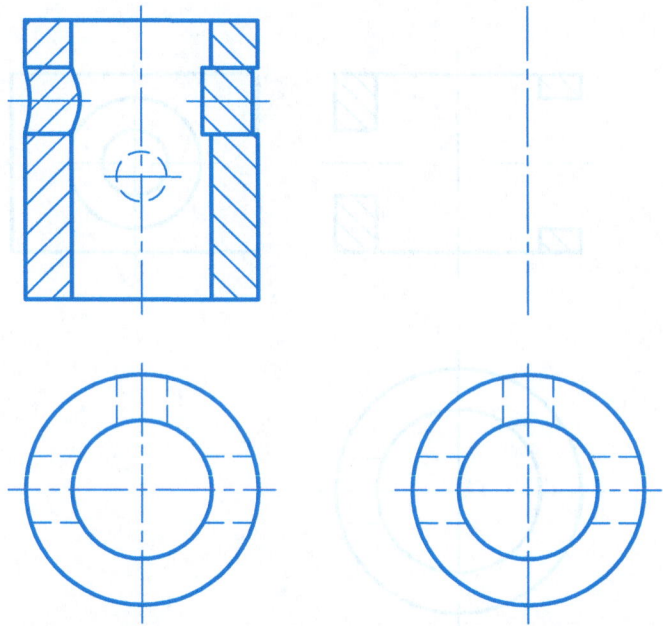

1.

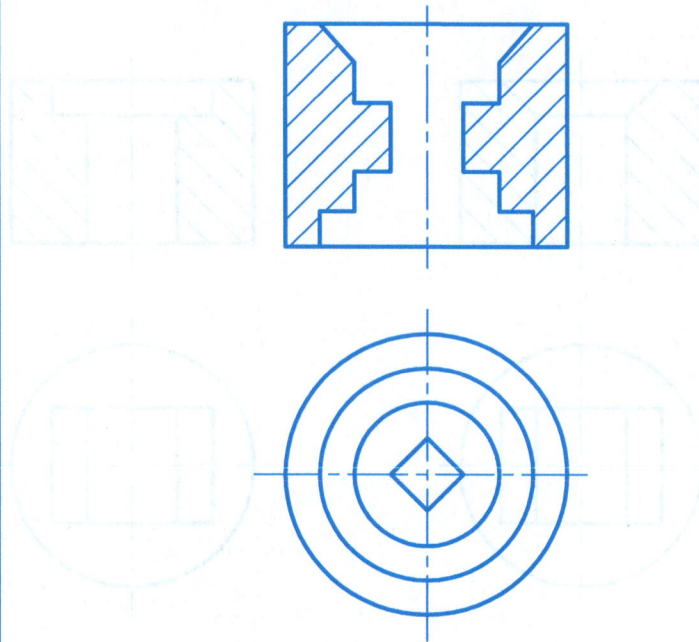

2.

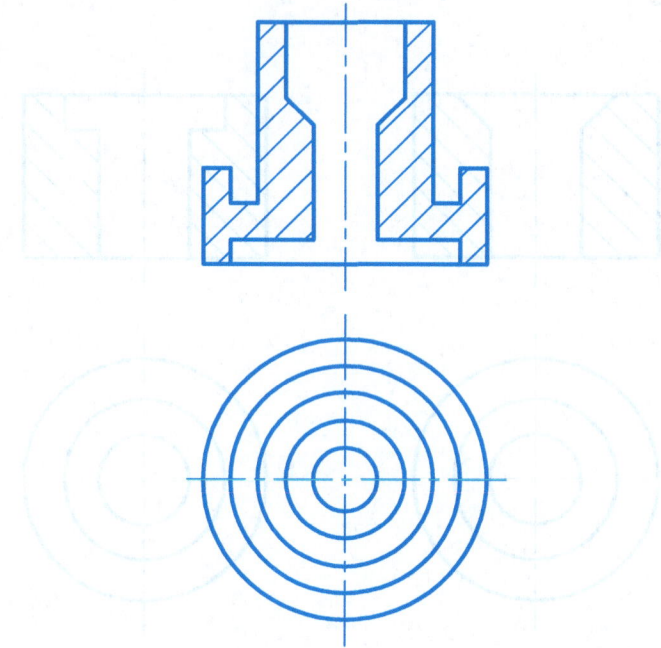

3.

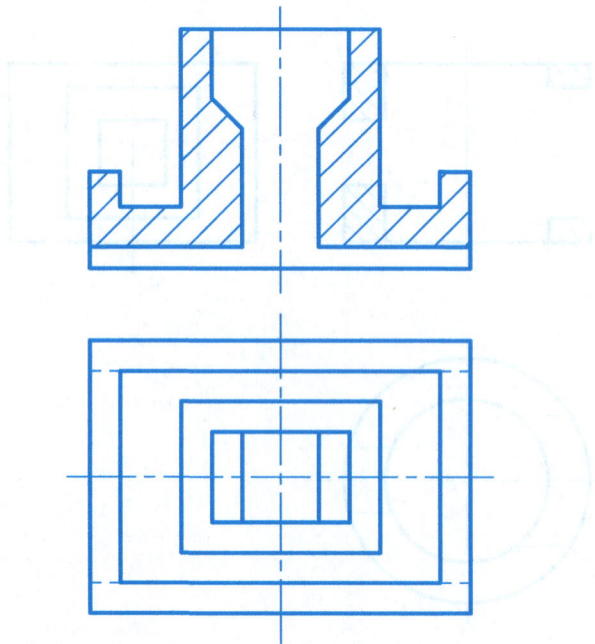

4.

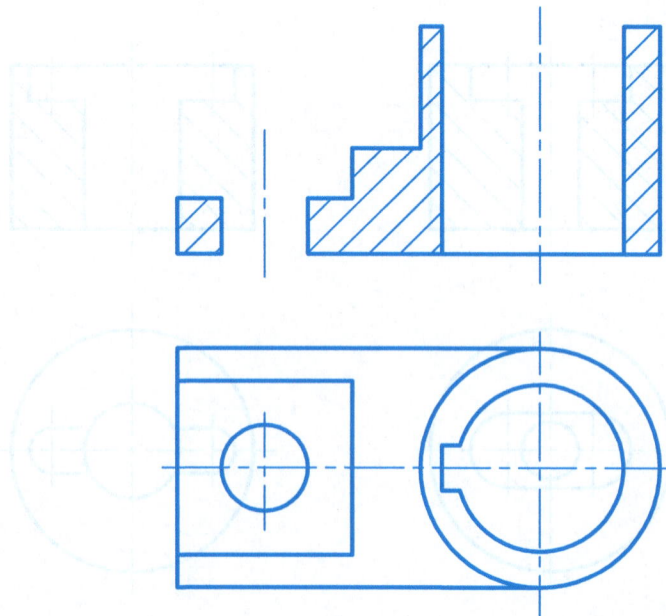

5.

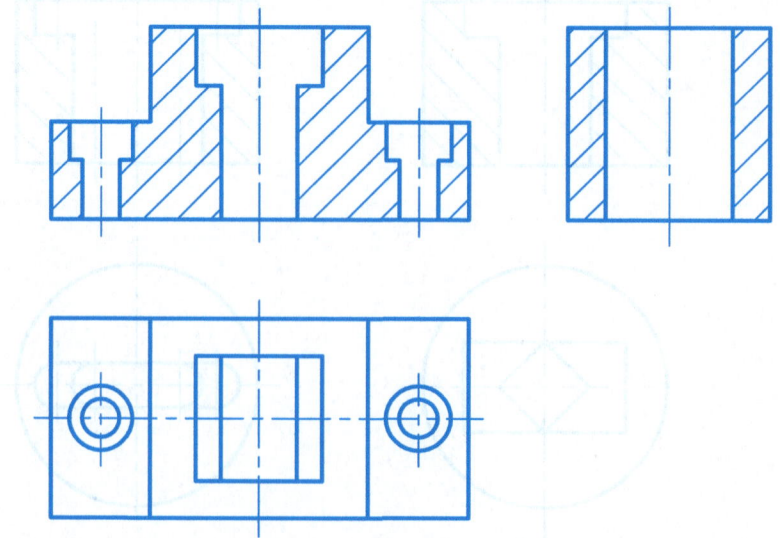

7-8 在指定位置将主视图改画成全剖视图。

1.

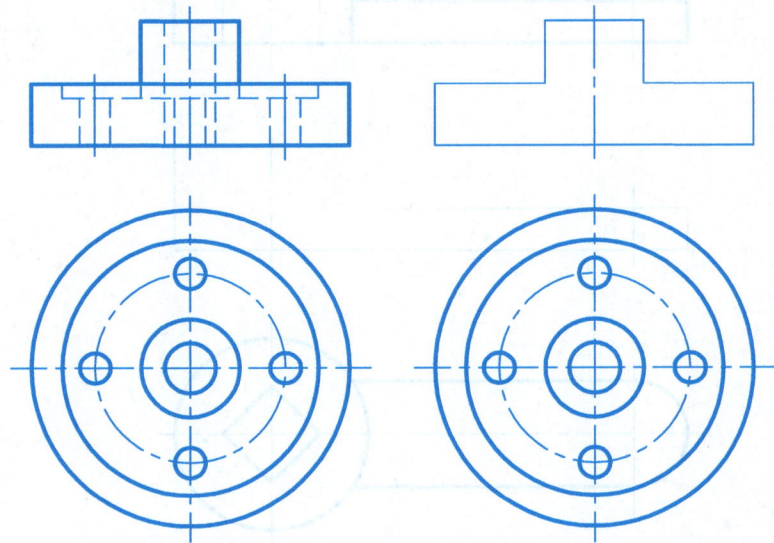

2.

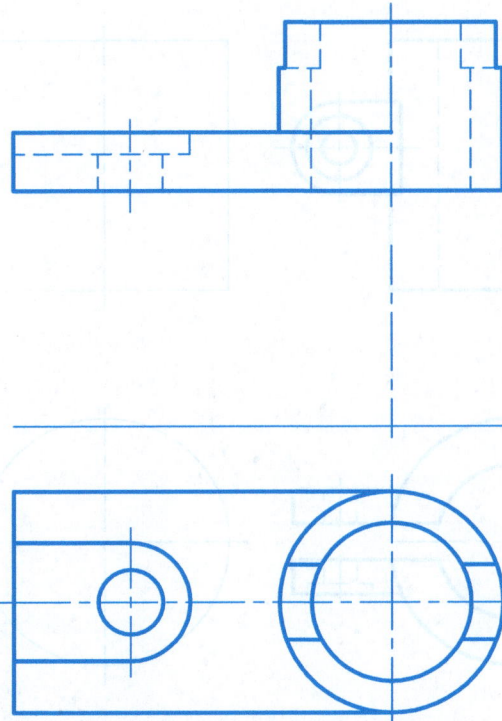

7-9 在指定位置将主视图改画成半剖视图。

1.

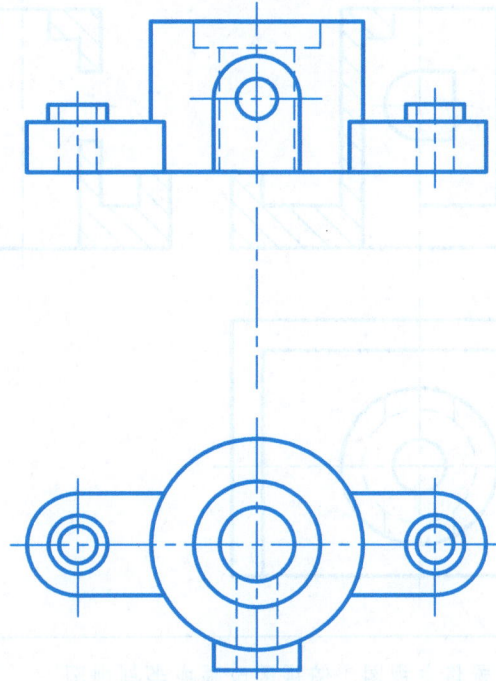

2.

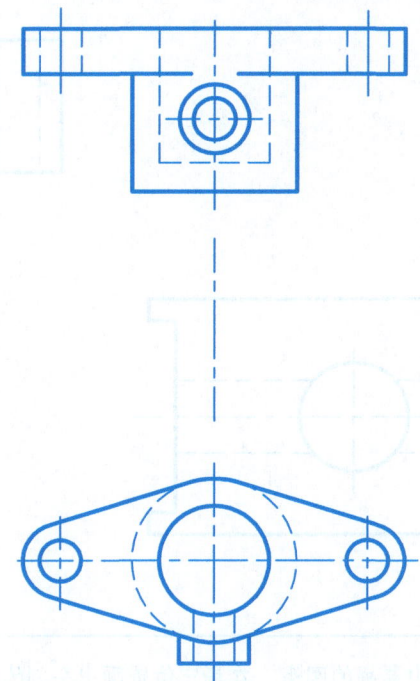

7-10 分析剖视图中的错误,在指定位置作正确的剖视图。

1.

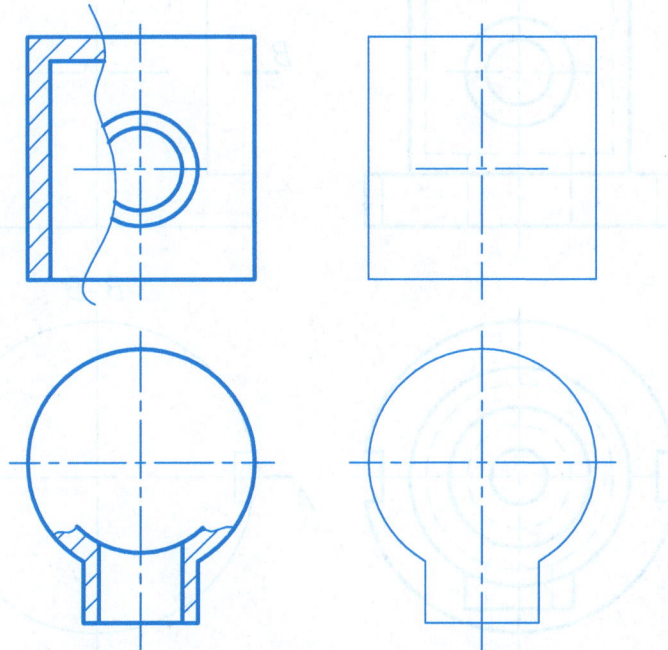

2.

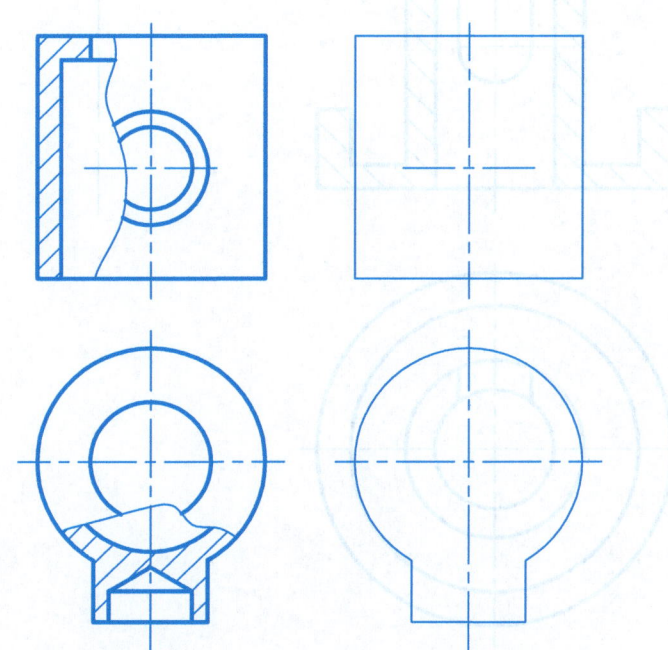

7-11 将主视图画成全剖视图。

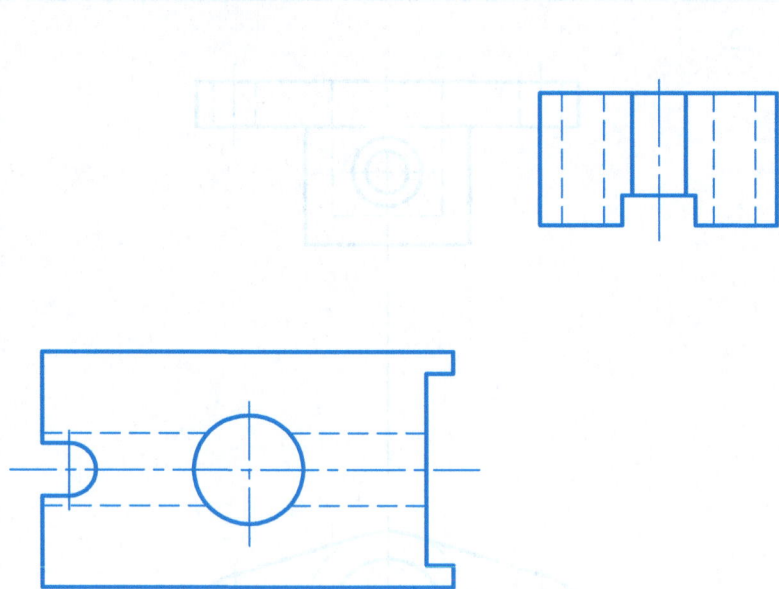

7-12 补画下列剖视图中的漏线。

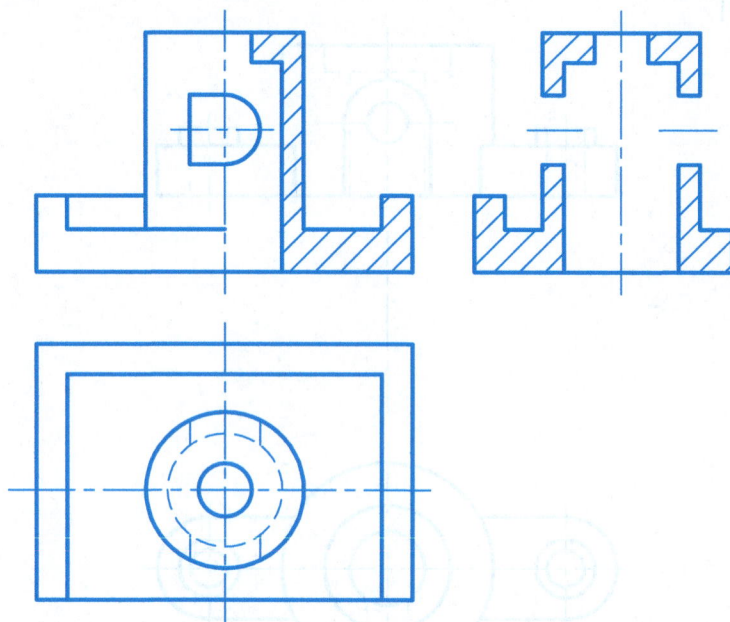

7-13 在指定位置将主视图画成局部剖视图。

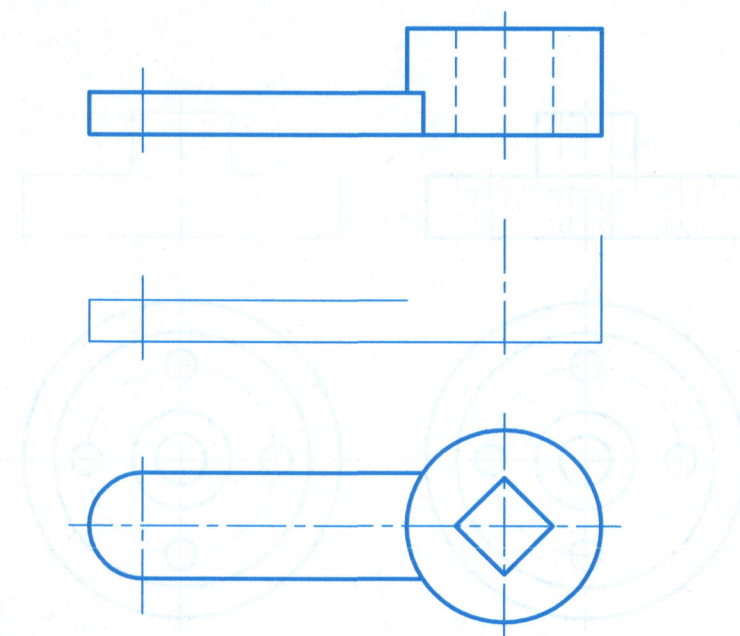

7-14 补画剖视图中漏画的图线，在指定位置画出全剖的左视图。

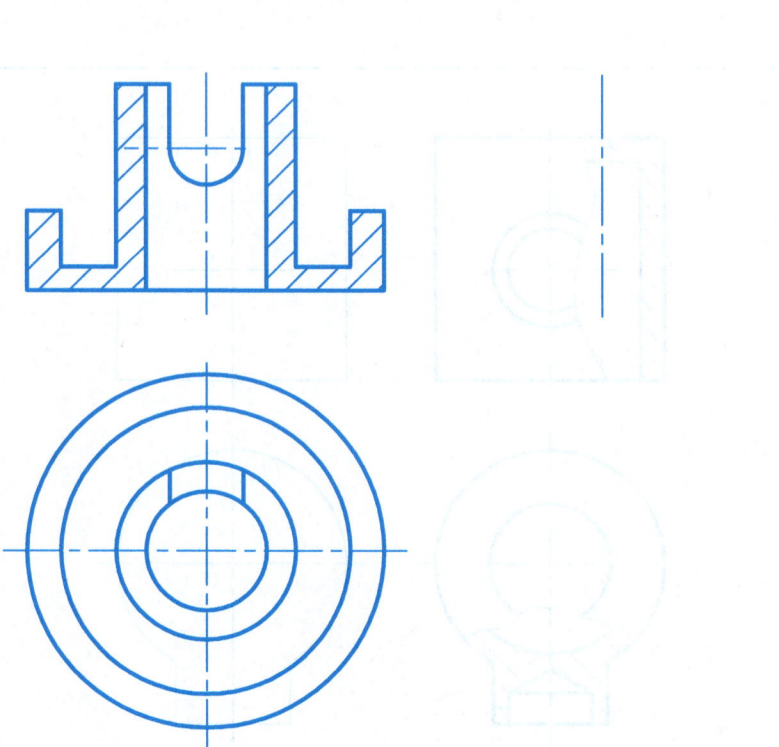

7-15 在指定位置将主视图、俯视图改画成半剖视图。

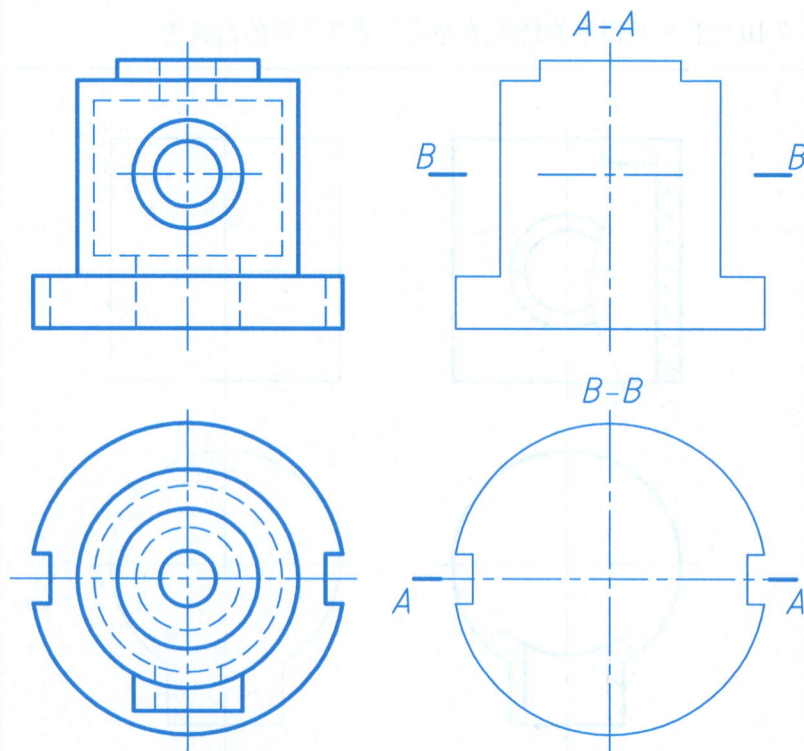

A–A

B　　　　　　B

B–B

A　　　　　A

7-16 在指定位置将主视图、俯视图改画成局部剖视图。

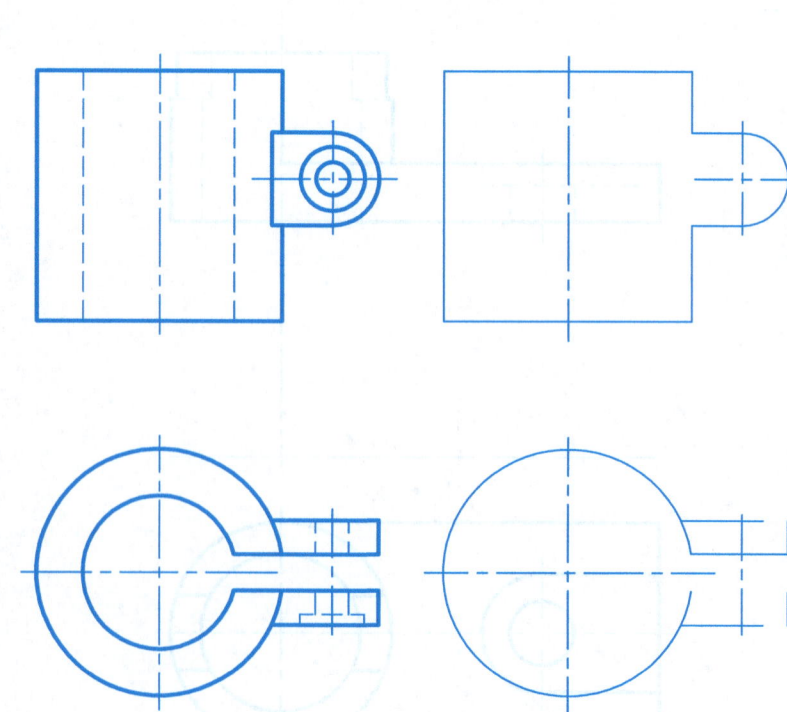

7-17 在指定位置将主视图画成全剖视图(用阶梯剖)。

2.

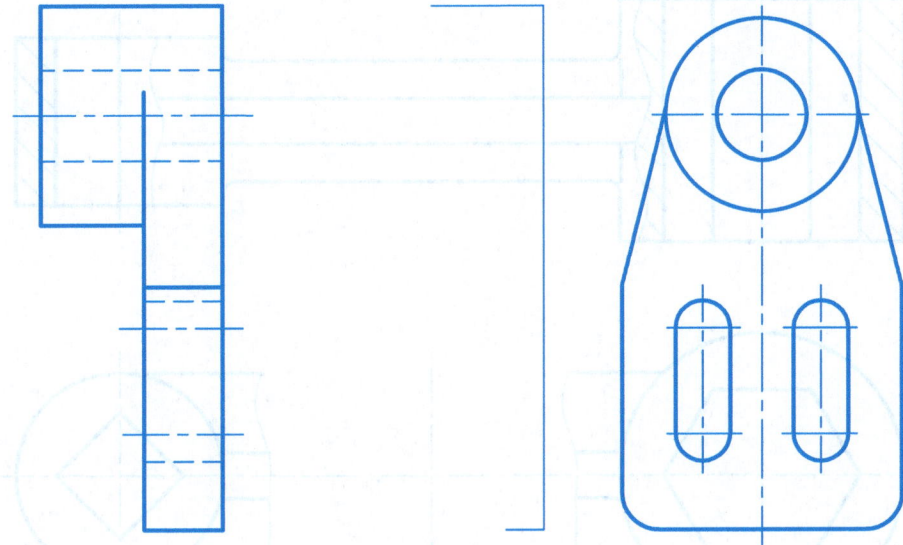

1.

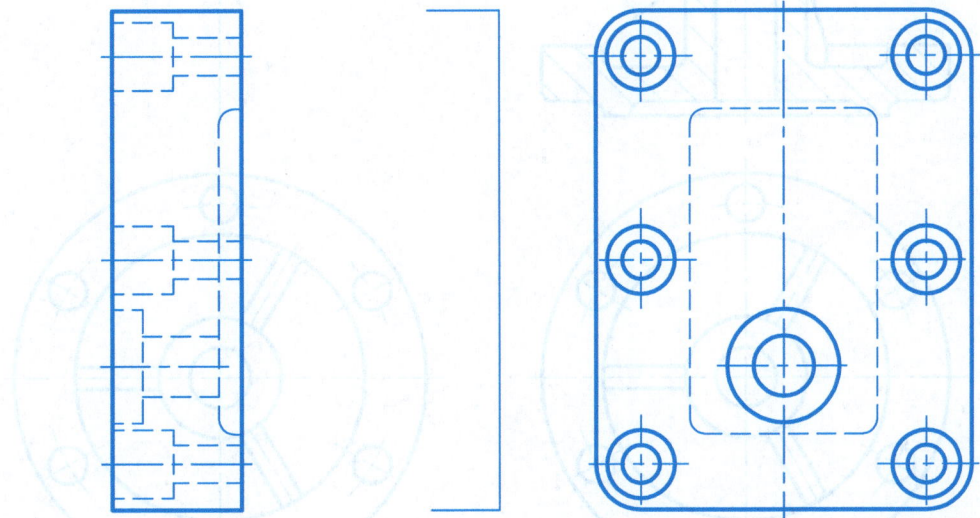

7-18 在指定位置将主视图画成全剖视图(用旋转剖)。

2.

1.

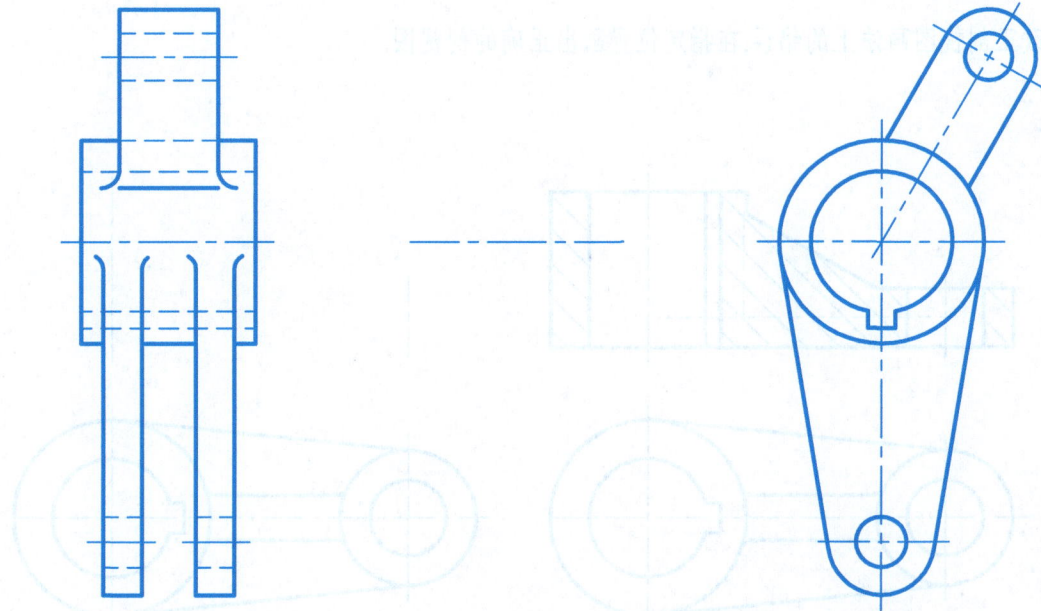

3. 断面图、局部放大图和简化画法

7-19 作出轴上指定位置的断面图,(键槽深5),以及细圆所圈处的局部放大图,比例4:1。

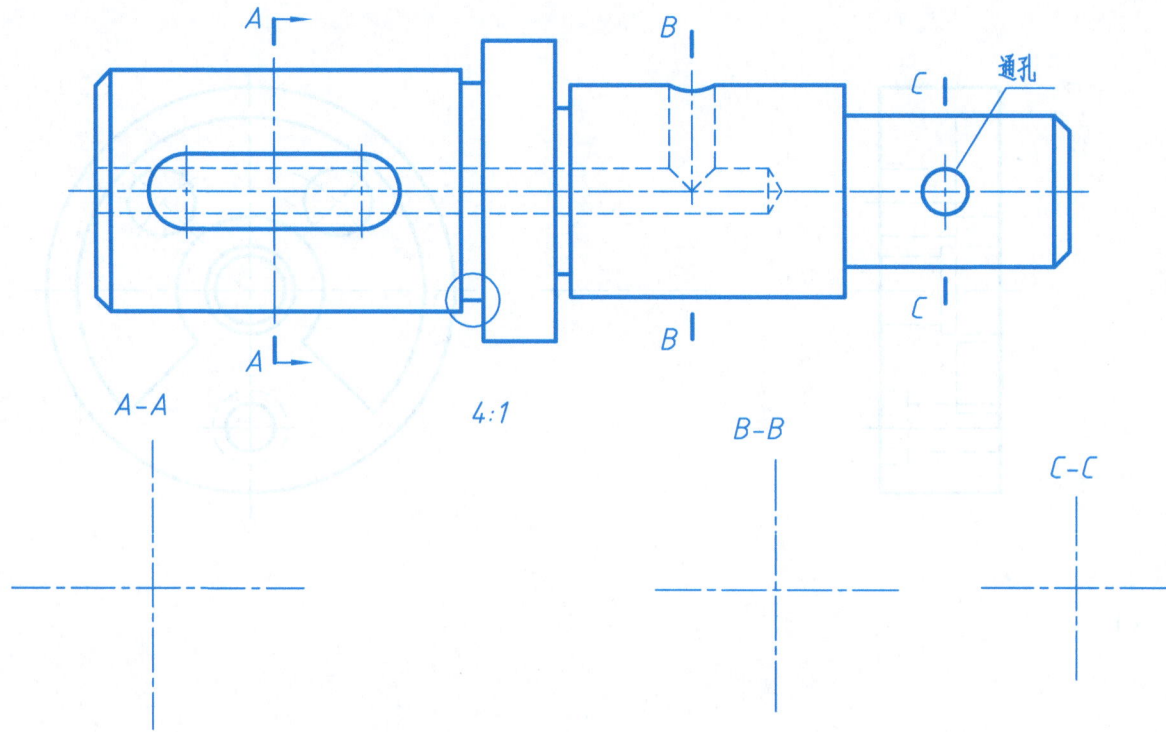

A-A　　　　　　4:1　　　　　　B-B　　　　　　C-C

7-20 在俯视图的中断处画出十字肋的断面图。

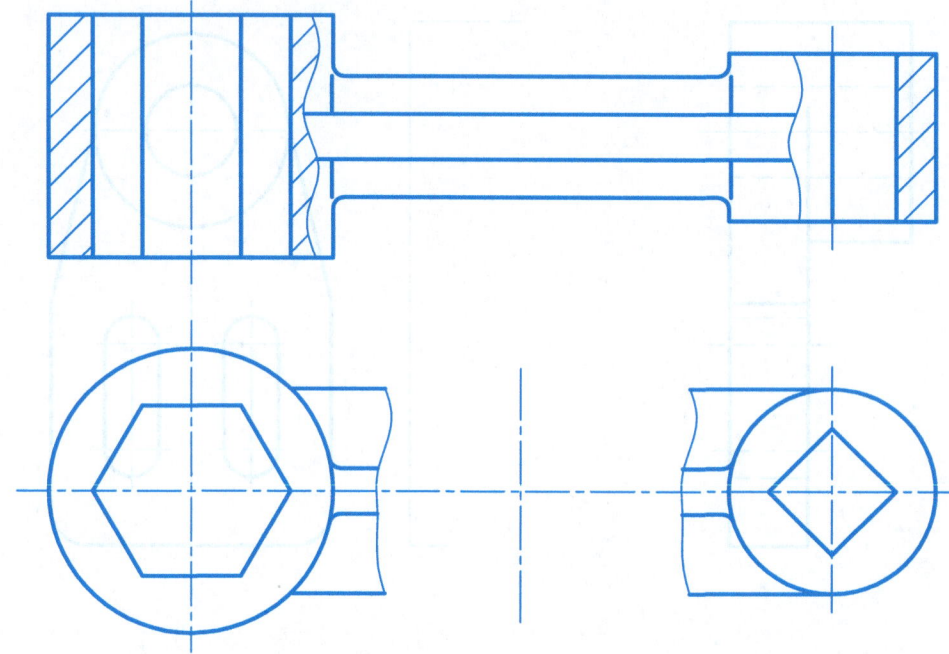

7-21 改正剖视图画法上的错误,在指定位置画出正确的剖视图。

1.

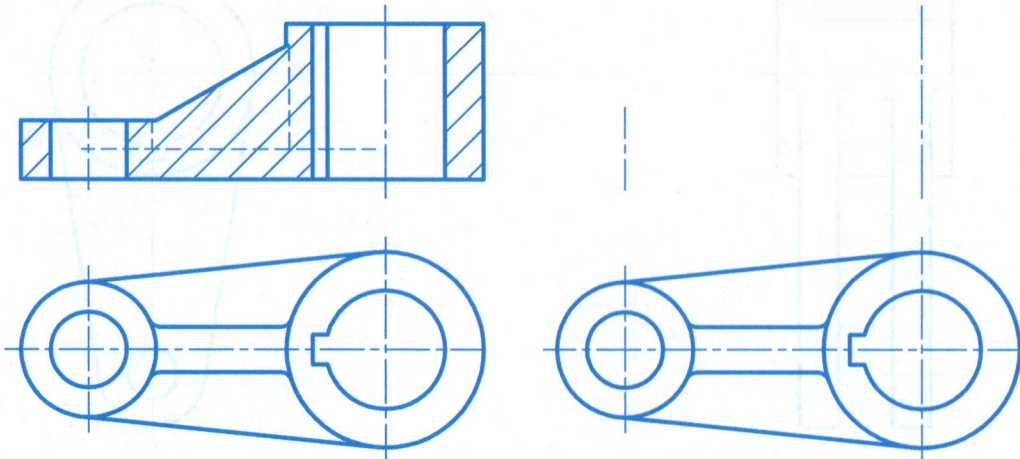

2.

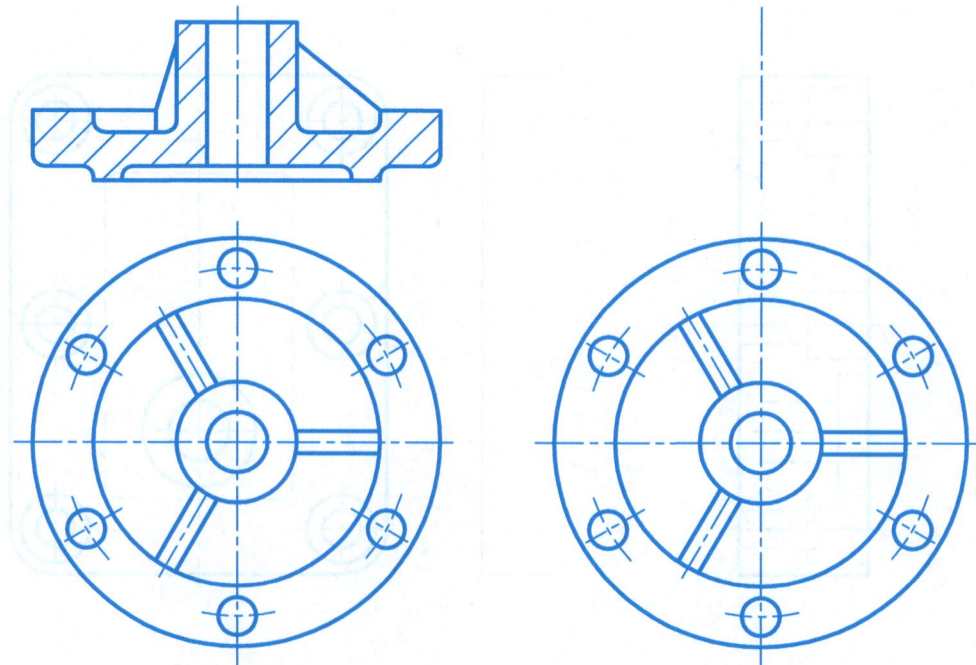

8-1 按规定画法,在指定位置绘制螺纹的主、左视图。

1.外螺纹：大径 M20,螺纹长 40,螺纹倒角 C2。

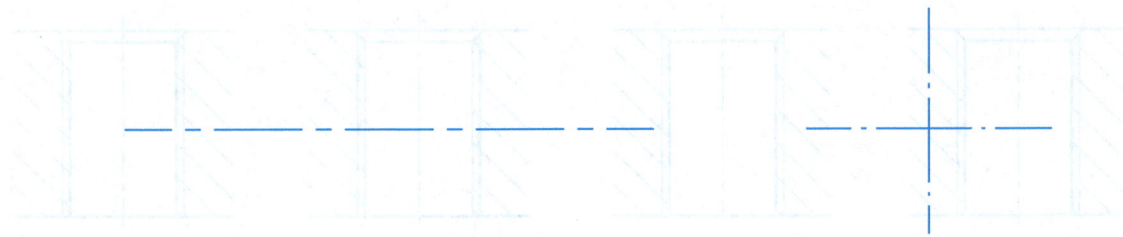

2.内螺纹：大径 M20，螺纹长 30，钻孔深 40，螺纹倒角 C2。

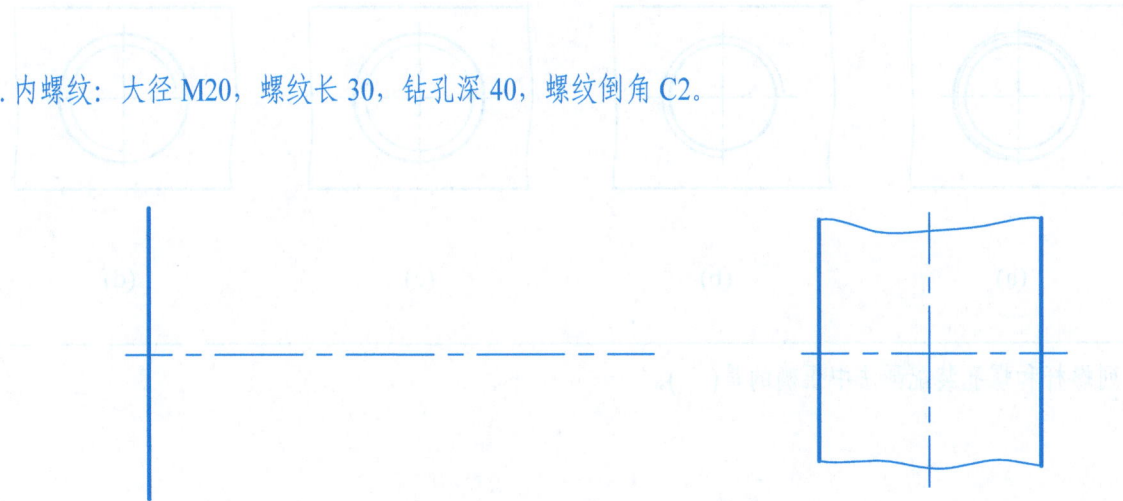

3.将上面内、外螺纹旋合，旋入长度为20，画出螺纹连接的主视图。

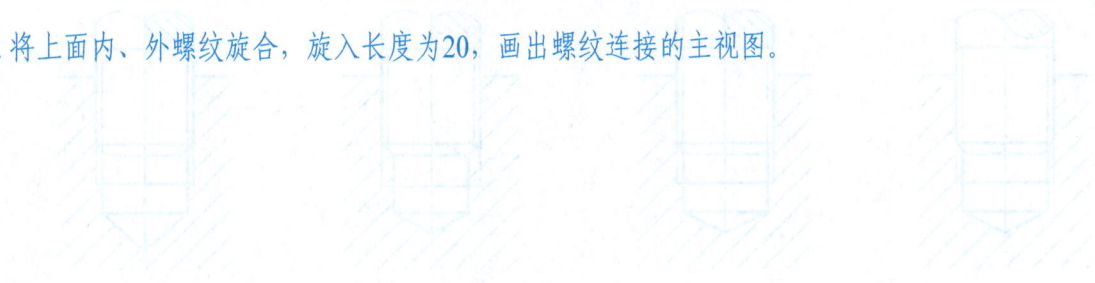

8-2 根据螺纹的要素进行标注。

1.粗牙普通螺纹,大径 30,螺距 3.5mm,单线右旋。　　2.圆柱管螺纹,尺寸代号3/4,公差等级为A。

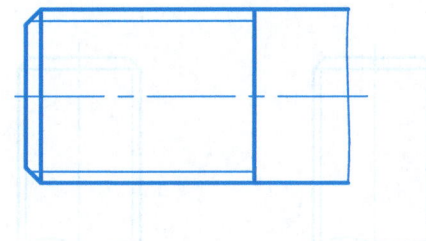

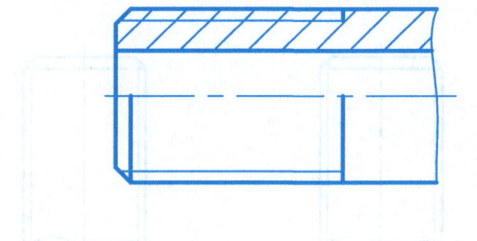

3.细牙普通螺纹,大径 30,螺距 1.5mm,单线右旋,中径、顶径公差带代号为6g,中等旋合长度。　　4.细牙普通螺纹,大径30,螺距2,长旋合。

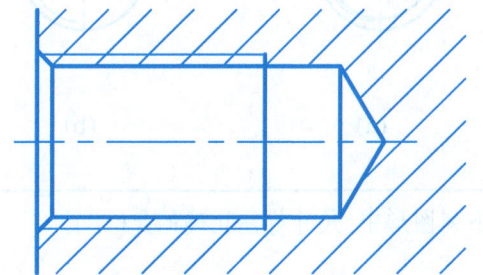

8-3 根据螺纹的标注,查表填空。

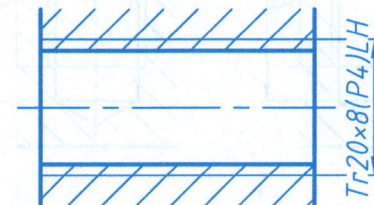

Tr20×8(P4)LH　　G1/2

1.该螺纹为____,公称直径____,螺距为____,线数为____,旋向为____。

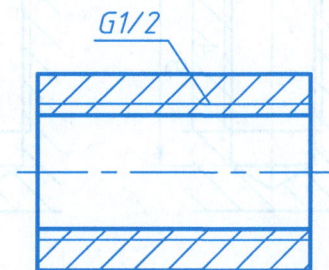

2.该螺纹为____,尺寸代号____,螺距为____,线数为____,旋向为____。

8-4 选择填空,把画法正确题号填入括号内。

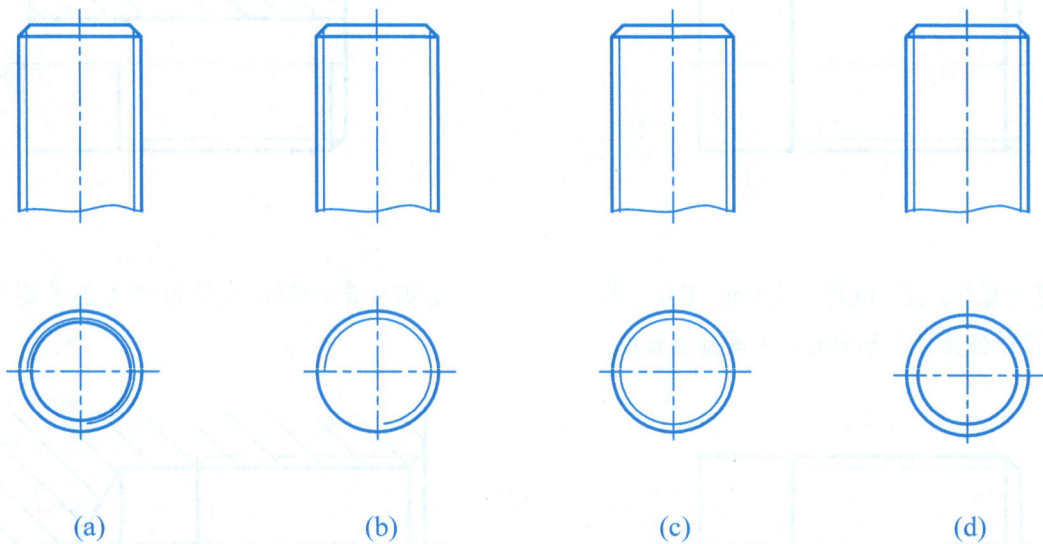

1.下列四个图形中,画法正确的是(　)。	2.下列四个图形中,画法正确的是(　)。
(a)　　(b)　　(c)　　(d)	(a)　　(b)　　(c)　　(d)
3.下列图形中,尺寸标注正确的是(　)。	4.下列螺杆和螺孔装配画法中正确的是(　)。
(a)　　(b)　　(c)　　(d)	(a)　　(b)　　(c)　　(d)

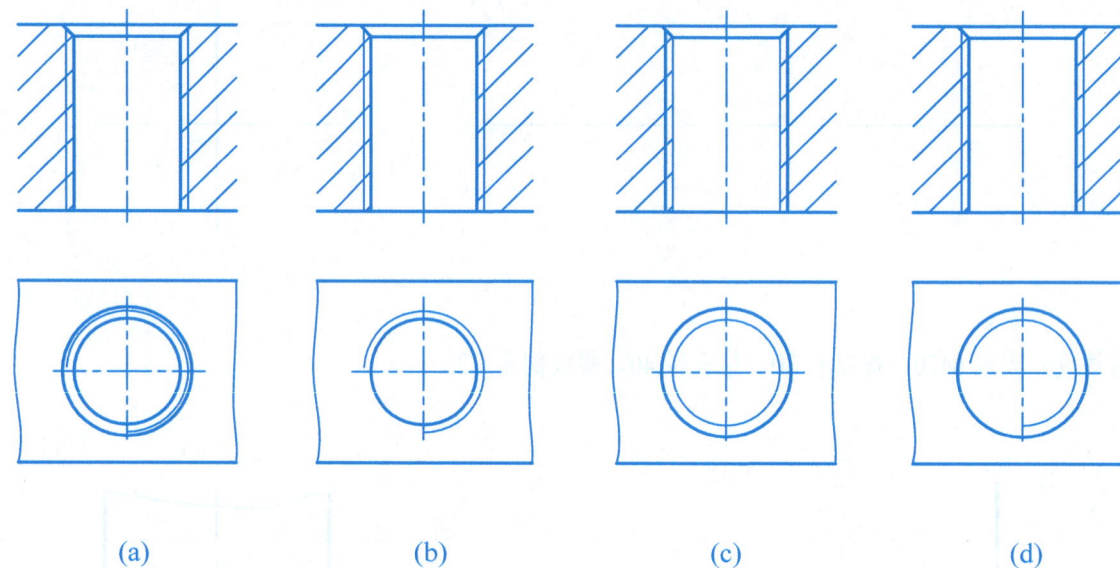

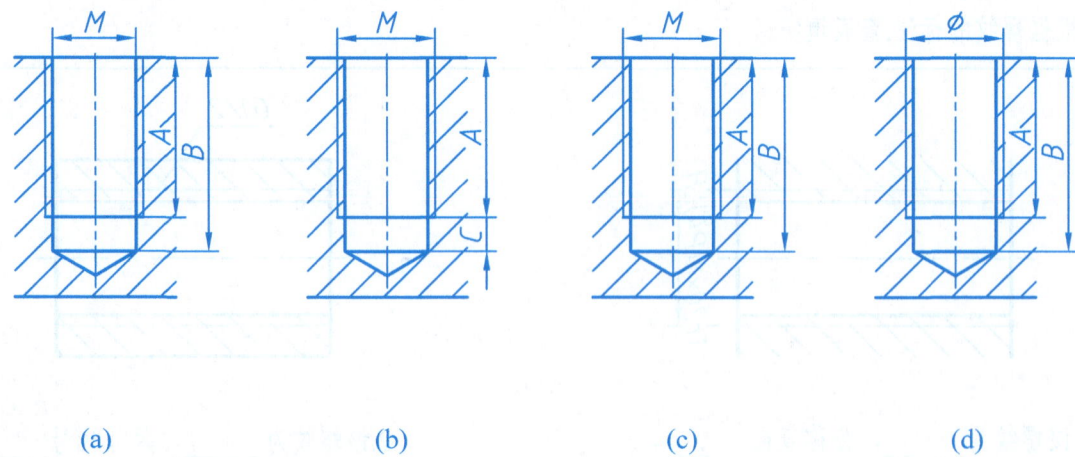

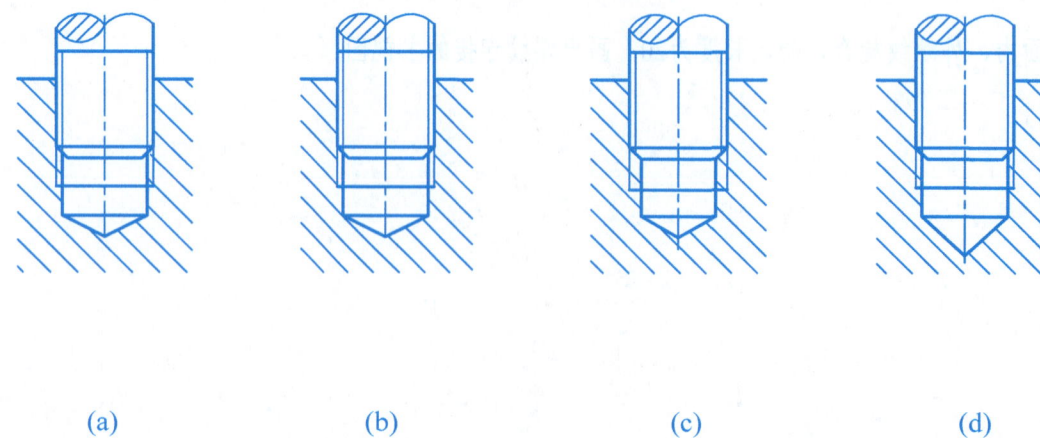

8-5 分析下列螺纹连接画法中的错误,并在旁边指定位置画出正确视图。

1.

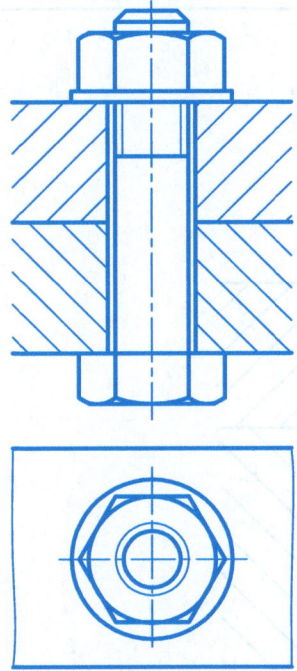

2.

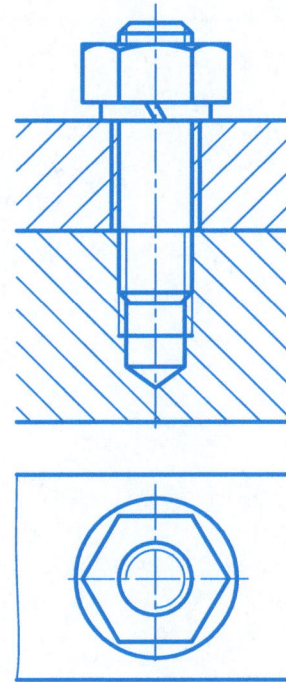

3.

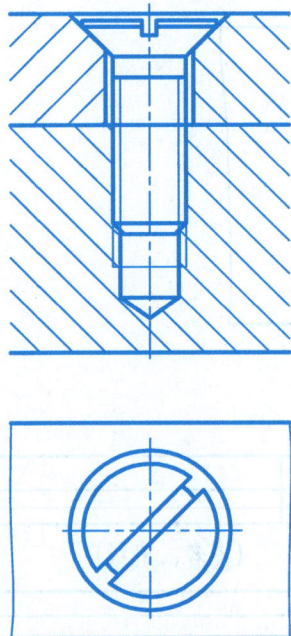

4.

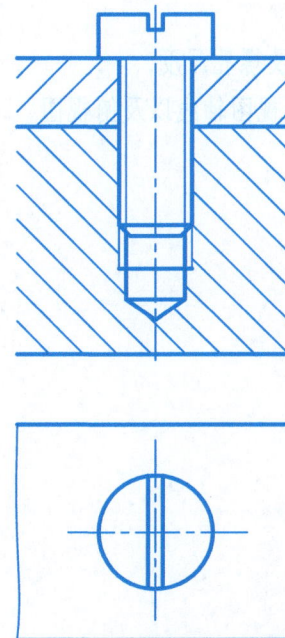

1. 要求:

(1) 准备A4图纸；

(2) 按1:1作图；

(3) 按照d的比例关系计算各部分尺寸；

(4) 螺纹连接画法正确,线型规范；

(5) 在空白处写出螺纹连接件的标记。

2. 螺纹连接件:

螺柱 GB/T897-1988 M24×1

螺母 GB/T6170-2000 M24

垫片 GB/T93-1987 24

3. 作图步骤和方法指导:

(1) 固定图纸；

(2) 画出图幅、图框(带装订边)、标题栏；

(3) 初步计算螺柱长度, 查标准表, 取标准值；

(4) 根据所给旋入端材料, 确定旋入端长度, 根据经验值算出光孔及螺孔深度；

(5) 根据所给尺寸及螺柱长度估算图形所占幅面大小, 布图(画出主视图轴线以及俯视图中心线)；

(6) 用细铅笔打底稿, 画出螺栓连接主、俯视图；

(7) 检查, 根据线型加深；

(8) 写出螺纹连接件的标记；

(9) 填写标题栏(参看右侧格式)；

(10) 摘下图纸, 沿图幅线裁去多余部分图纸。

钢材

40

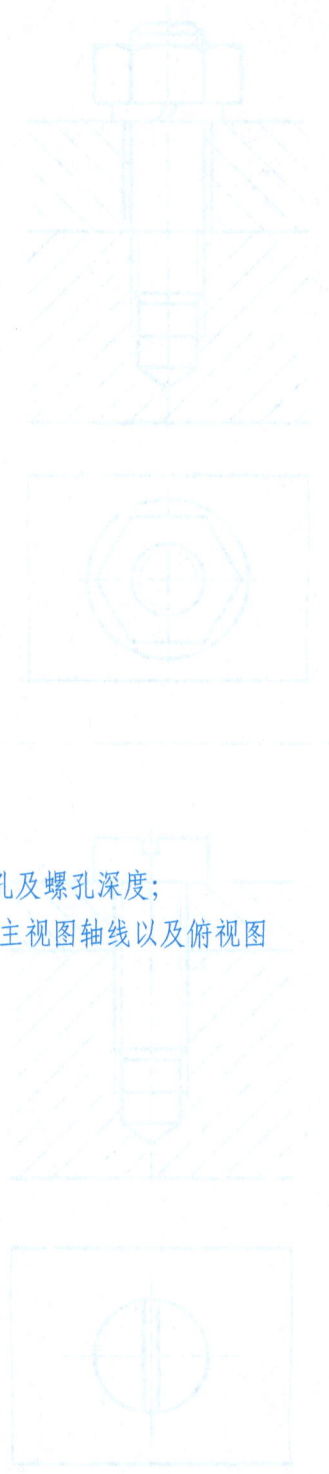

双头螺柱连接		比例	
		图号	
制图			(校名、班级)
审核			

9-1 下列是轴和孔用普通A型平键连接,查表标注键槽的尺寸,并在下面指定位置完成键连接的装配。

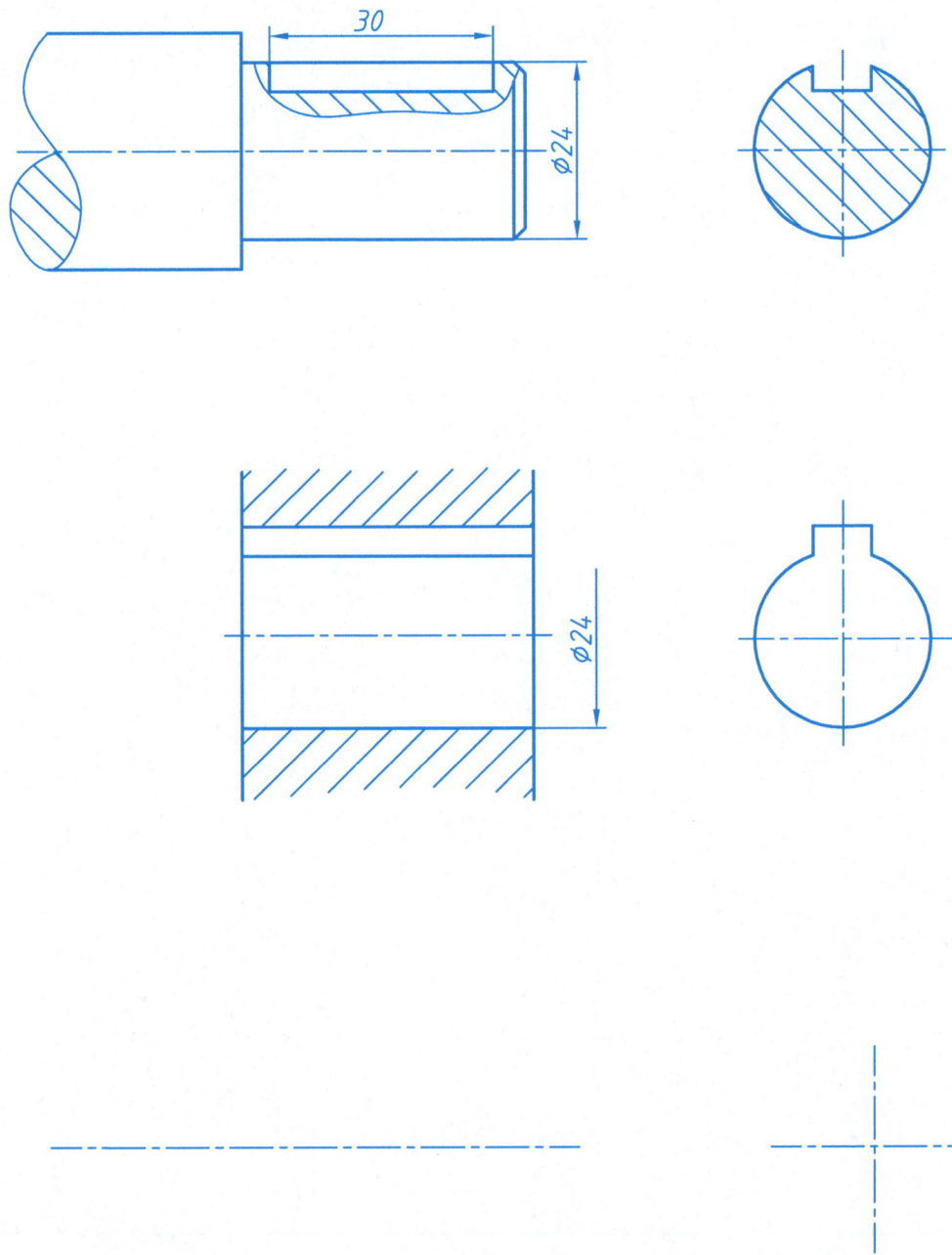

9-2 完成圆柱销连接图。销 GB119.1 10×50。

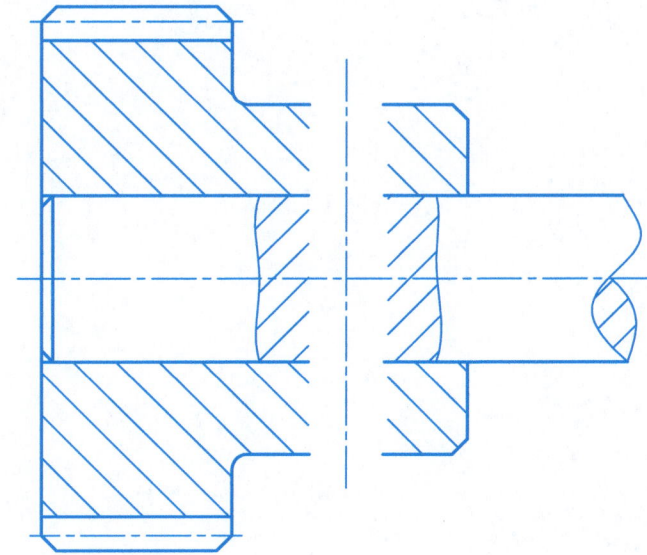

9-3 已知阶梯轴由两个滚动轴承支撑,如图,用简化画法(比例1:1)画全滚动轴承。

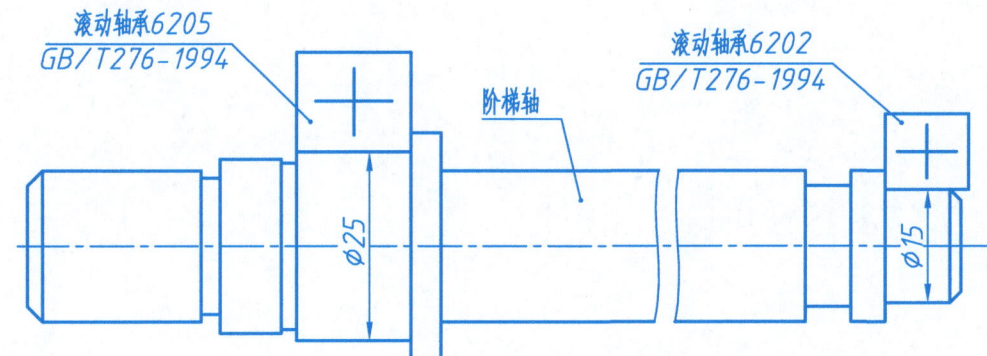

滚动轴承6205
GB/T276-1994

阶梯轴

滚动轴承6202
GB/T276-1994

9-4 用1:1的比例画出平板直齿圆柱齿轮的啮合图(主视图画成全剖视图)，并标注中心距。

齿轮参数：$m=3$，$z_1=16$，$z_2=24$，齿轮宽$b=25$，加工有平键槽的轴孔直径$D_1=20mm$，$D_2=24mm$。

9-5 用1:1的比例画出圆柱螺旋压缩弹簧的主视图(采用全剖视图，弹簧轴线水平放置)，并标注尺寸。

弹簧的主要参数：中径$\phi54$，簧丝直径$\phi6$，节距14，有效圈数$n=8$，支撑圈数$n_2=2.5$，右旋。

在A3图纸上,用1:1的比例画出图示联轴器的连接装置,按要求配上各连接件,并注写其规定标记。

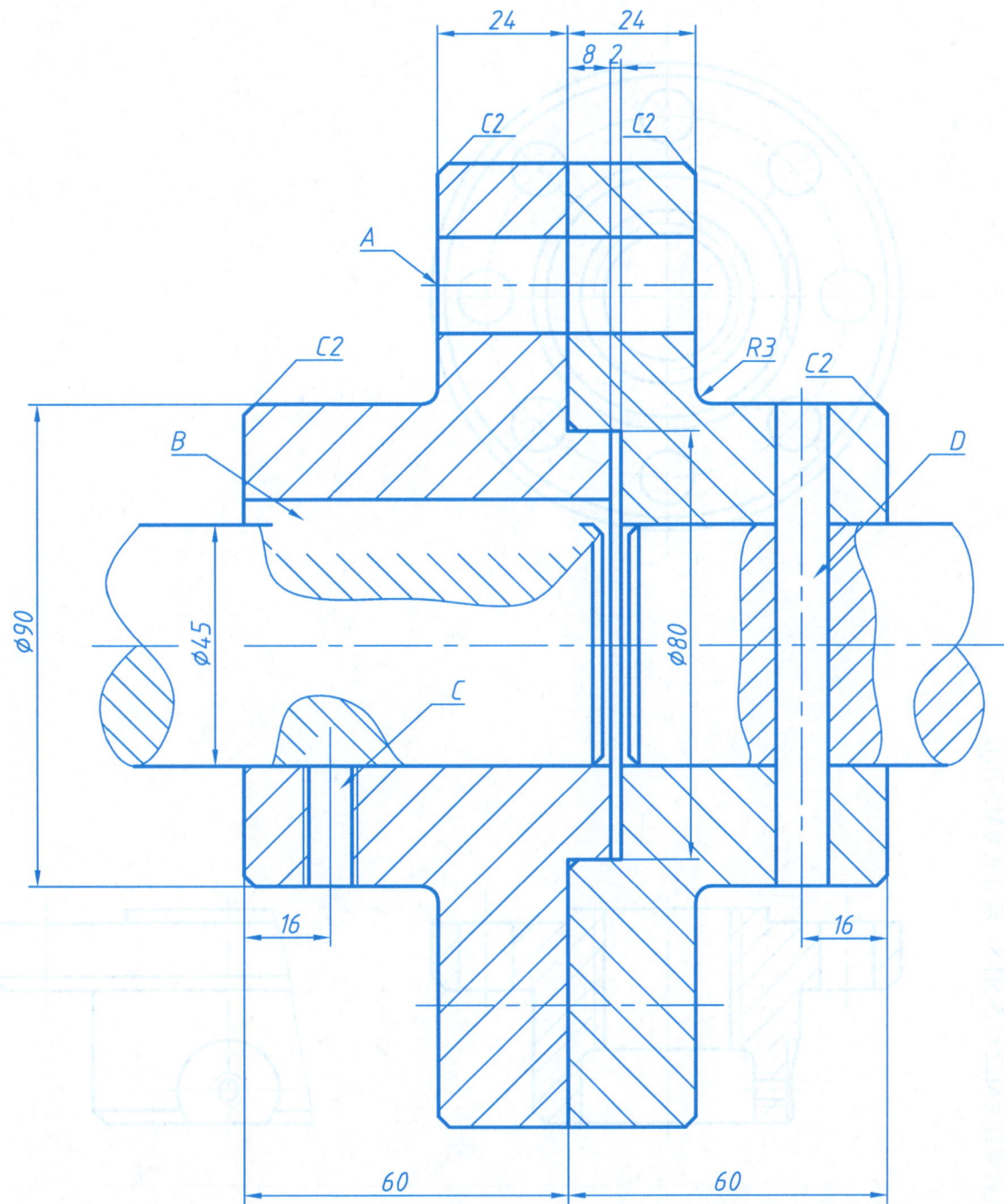

24 24
8 2
C2   C2
A
C2
B
R3 C2
D
Φ90 Φ45 Φ80
C
16 16
60 60

未注倒角为C1.5

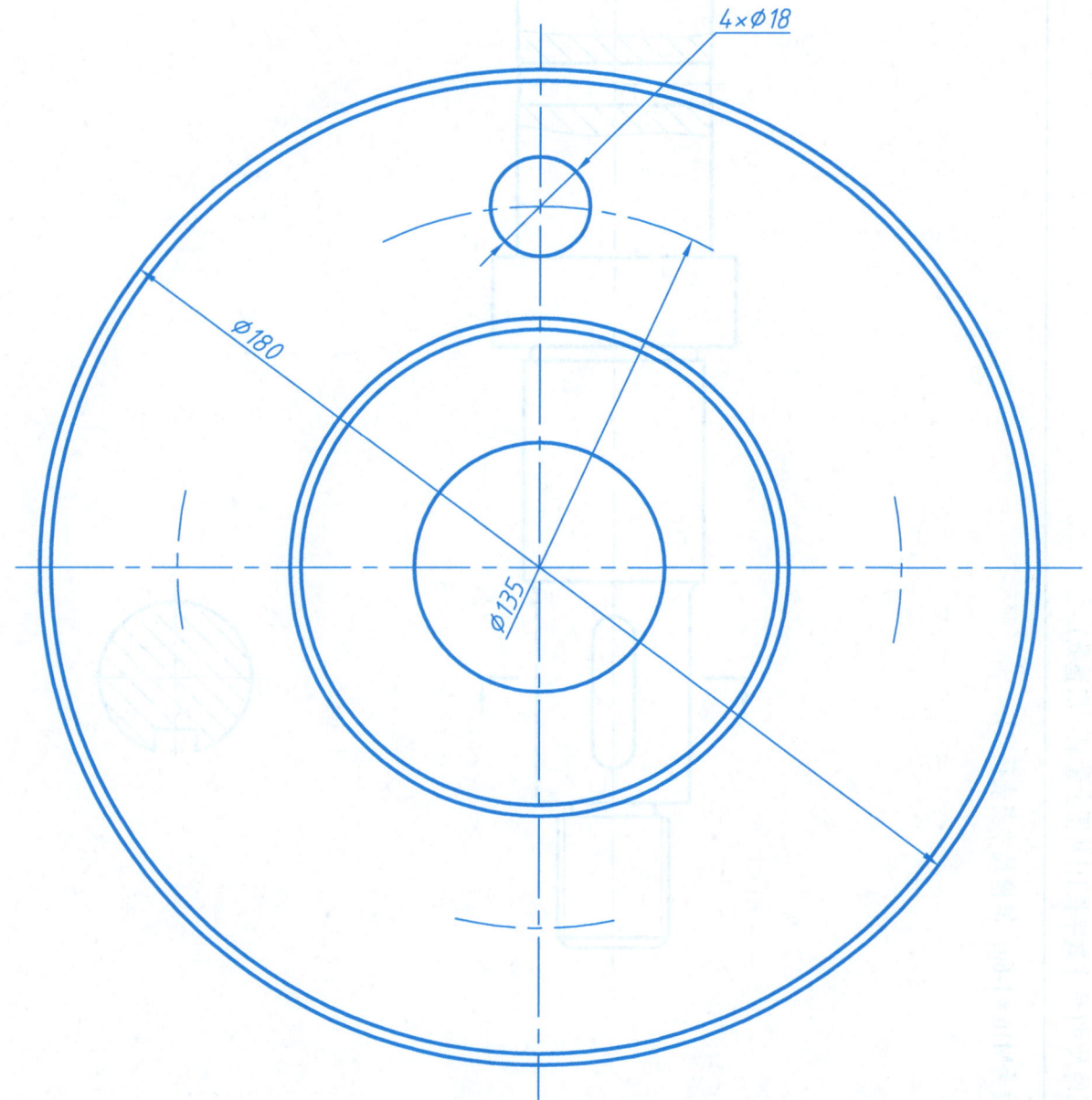

4×Φ18
Φ180
Φ135

要求: A处配4个螺栓M16(GB/T5782-2000)、螺母M16(GB/T6170-2000)、垫圈(GB/T93-1987);
B处配圆头普通平键(GB/T1096-1979); C处配M10的锥端紧定螺钉(GB/T71-1985);
D处配φ10圆柱销(GB/T119-1986)。

10-1 标注零件图的尺寸(尺寸数字按1:1从图上量取，取整数)。

1. 主轴(左端螺纹为M16×1-6g，键槽尺寸查表获取)。

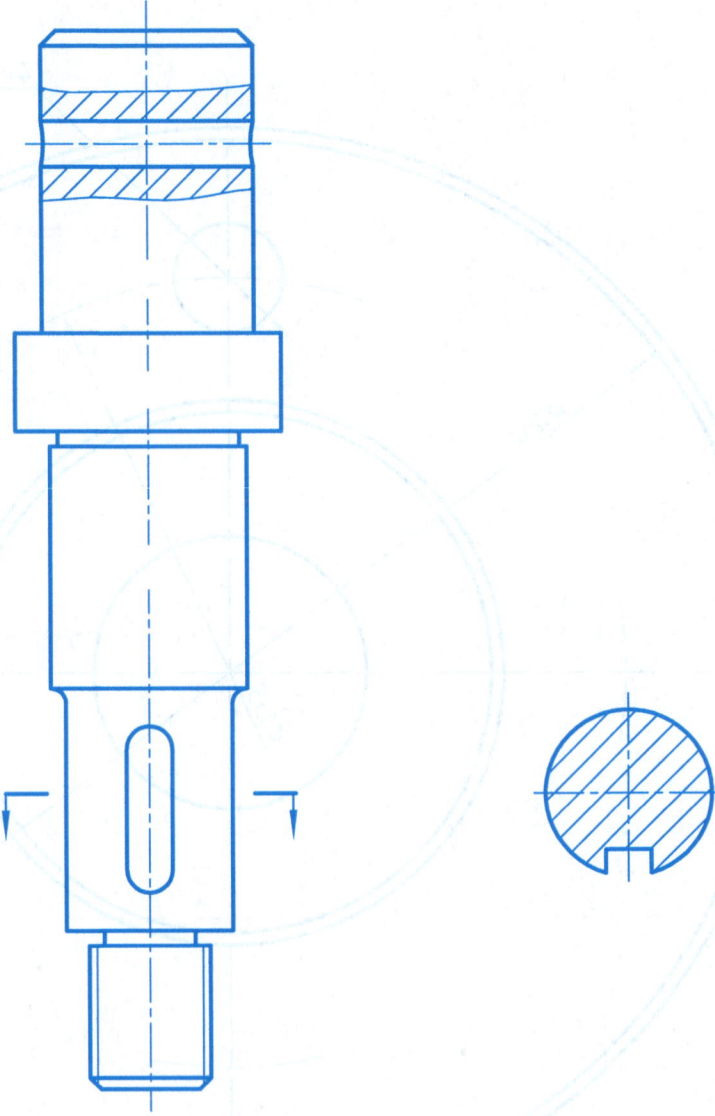

2. 端盖(中孔内螺纹为M22×1.5-5H-S，螺钉孔为M5-7H)。

10-2 按要求在视图上标注表面粗糙度。

1. 纠正图中表面粗糙度标注方法上的错误,并正确注写在下图上。

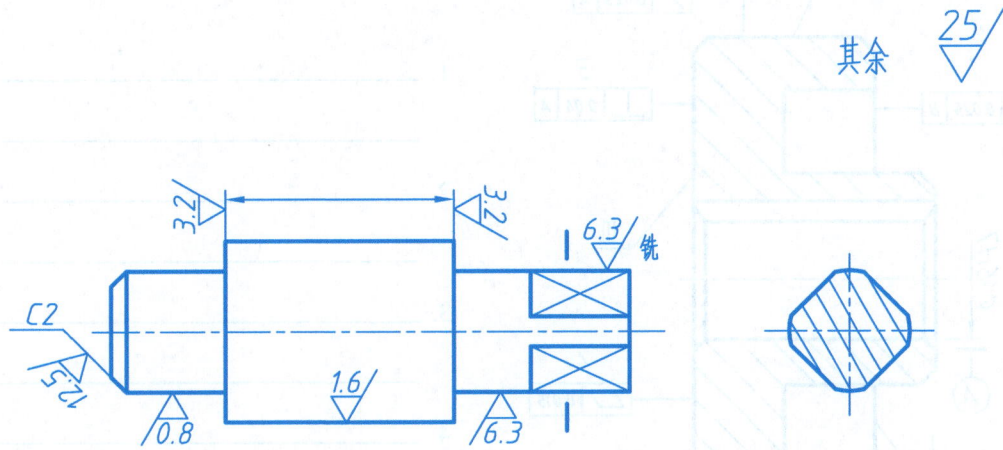

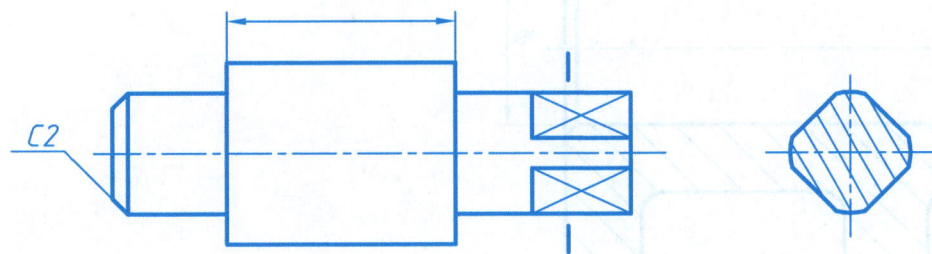

其余 $\sqrt[25]{}$

C2

3.2

3.2

6.3 铣

1.6

12.5

0.8

6.3

C2

B（两端）

2. 根据表中所给的表面粗糙度参数值,在视图上注出相应表面粗糙度代号。

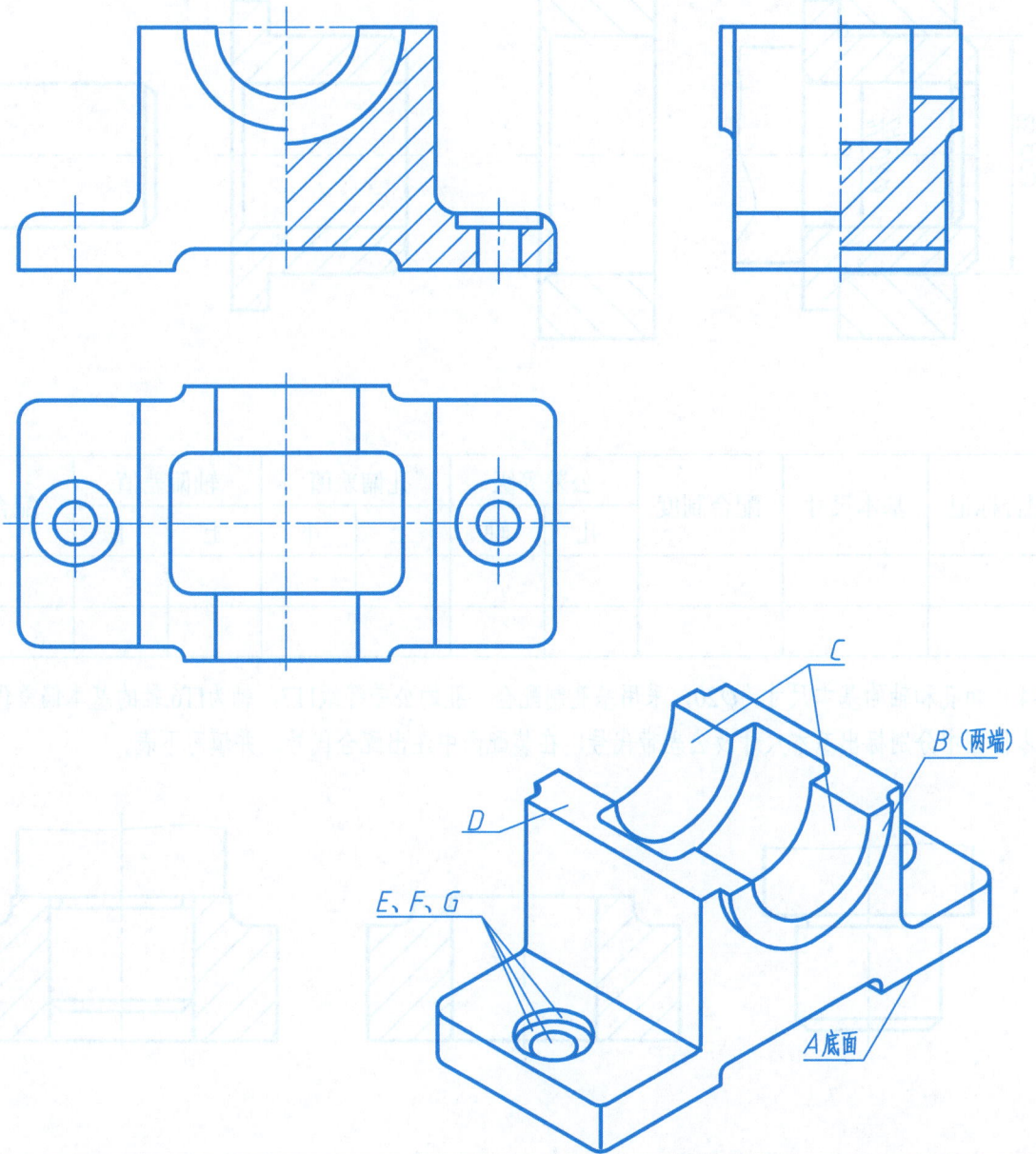

C

D

E、F、G

A底面

表　面	A、B	C	D	E、F、G	其余
表面粗糙度代号	6.3/	1.6/	3.2/	12.5/	◇/

49

10-3 根据装配图中的配合尺寸，分别在相应的零件上注出基本尺寸及偏差值，并填写下表。

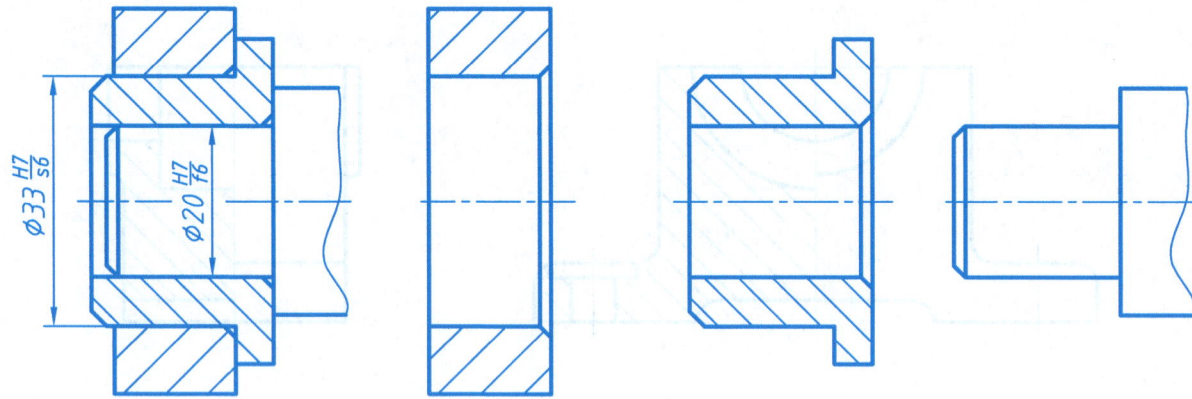

$\varnothing 33 \frac{H7}{s6}$　$\varnothing 20 \frac{H7}{r6}$

配合标记	基本尺寸	配合制度	公差等级		孔偏差值		轴偏差值		配合种类
			孔	轴	上	下	上	下	

10-4 已知孔和轴的基本尺寸为$\varnothing 20$，采用基孔制配合。孔的公差等级IT7，轴为IT6,轴的基本偏差代号为k，在零件图中分别标出基本尺寸及公差带代号，在装配图中注出配合代号，并填写下表。

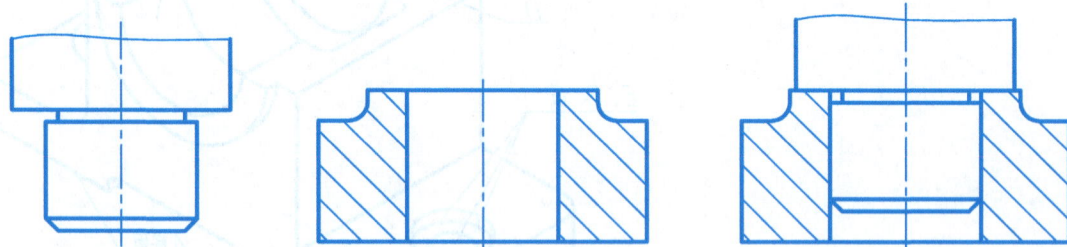

配合标记	孔的极限尺寸		轴的极限尺寸		配合种类
	最大	最小	最大	最小	

10-5 用文字说明图框中框格标注的含义。

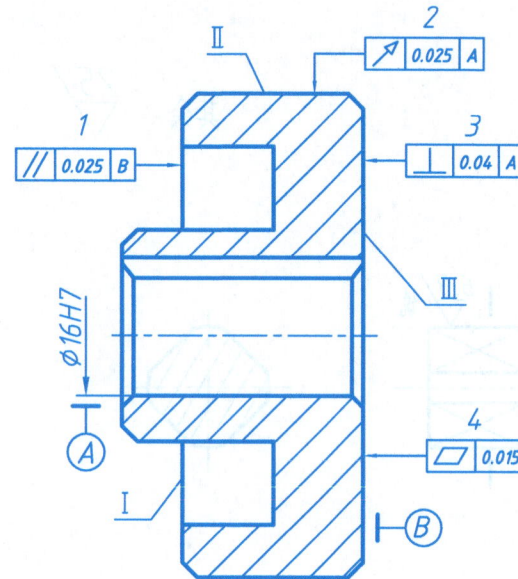

2 ⟋ 0.025 A
1 ⫽ 0.025 B
3 ⊥ 0.04 A
$\varnothing 16H7$
Ⅱ
Ⅲ
Ⅰ
A
B
4 ▱ 0.015

1. _____
2. _____
3. _____
4. _____

10-6 将文字说明的形位公差标注在图形上。

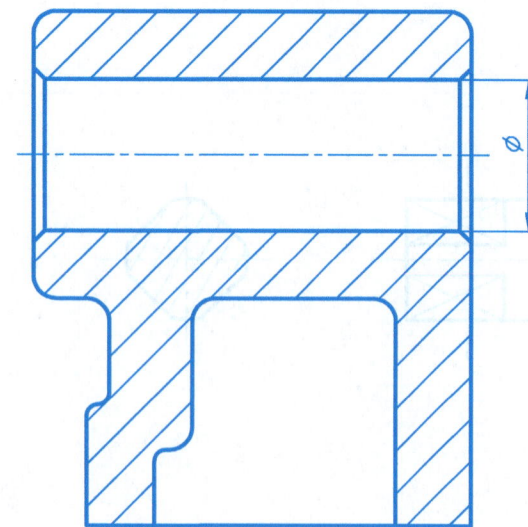

$\varnothing$

1. 孔$\varnothing$轴线直线度误差不大于$\varnothing 0.012$。
2. 孔$\varnothing$圆度误差不大于0.005。
3. 底面平面度误差不大于0.01。
4. 孔$\varnothing$轴线对底面平行度误差不大于$\varnothing 0.03$。

3. 看零件图　　　　　　　　　班级　　　　姓名　　　　学号

10-7 读夹爪零件图，回答问题。

1. 读零件图，在指定位置画出A-A断面图。
2. 该零件的名称是＿＿，材料是＿＿，比例是＿＿，属于＿＿比例。
3. 局部放大图中小槽的两侧面表面粗糙度代号是＿＿，该零件下底面表面粗糙度代号是＿＿。
4. 尺寸Tr16×4LH中，Tr表示＿＿，16表示＿＿，4表示＿＿，LH表示＿＿。

其余 $\sqrt{0.8}$

A—A

名称	夹爪	比例	1:1
材料	ZG25	数量	

M12×1.5

4:1

Tr16×4LH

10-8 读主轴零件图，回答问题。

1. 表达零件用的一组图形分别是＿＿。
2. 零件中φ40h6这段长度为＿＿，表面粗糙度代号为＿＿。
3. 轴上键槽的长度为＿＿，宽度为＿＿，深度为＿＿。
4. 用文字在图上标出长度方向和径向的尺寸基准。
5. φ26h6的基本尺寸是＿＿，公差等级是＿＿，基本偏差值是＿＿，基本偏差代号是＿＿，最大极限尺寸是＿＿，最小极限尺寸是＿＿。
6. M16-6g螺纹与φ26h6轴之间有一只尺寸为2×1.5的退刀槽，其宽度是＿＿，深度为＿＿。
7. 画出C-C断面图。

其余 $\sqrt{12.5}$

C—C

B—B

5:1

技术要求
未注倒角为C1.5

名称	主轴	比例	1:2
材料	45	数量	

M16-6g

10-9 看懂端盖零件图,画出其右视图,并用罗马数字Ⅰ、Ⅱ、Ⅲ分别标出长、宽、高方向的基准。

B-B

其余 6.3 ▽

Rc1/4

φ90
φ55g6
32
1.6

φ10
φ16H7
φ42
5
A

⌀0.04 A
⊥ 0.06 A

37
20
10
5
1.6
18
φ10
1.6
R2

10
1.6
C1.5
φ52
φ32H9

3×M5▼13
孔▼15
6×φ6
⌴φ12▼6

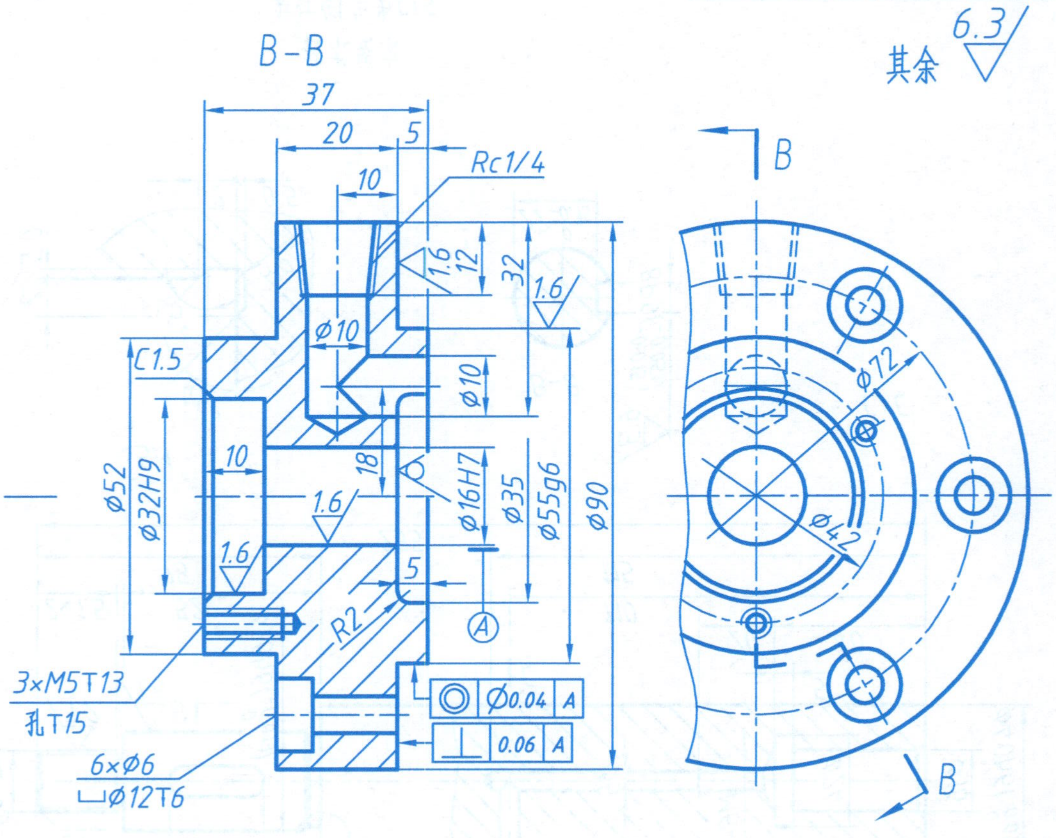

读图问题

(1) 说明主视图为何种表达,采用这种表达的条件是什么?

(2) 指出零件有哪些表面是铸造面?

(3) 说明主视图中"Rc1/4"和"6×φ6 ⌴φ12▼6"的含义。

比例		图号	
材料	45	数量	

端　盖

| 制图 | | | |
| 审核 | | | |

其余 ▽

10-10 读托脚零件图,画出其左视图,并用罗马数字Ⅰ、Ⅱ、Ⅲ分别标出长、宽、高方向的基准。

⊥ ⌀0.05 A

6.3
120
60
20
15
30

Ⅰ

φ55
φ35H9
1.6
C1.5
6.3

2
14
30
35
8
R10
86
7
50
8
30
90
175
70
50

⌀0.05

6.3

6.3
114
30
6.3
2
10

B
R9
2×M8

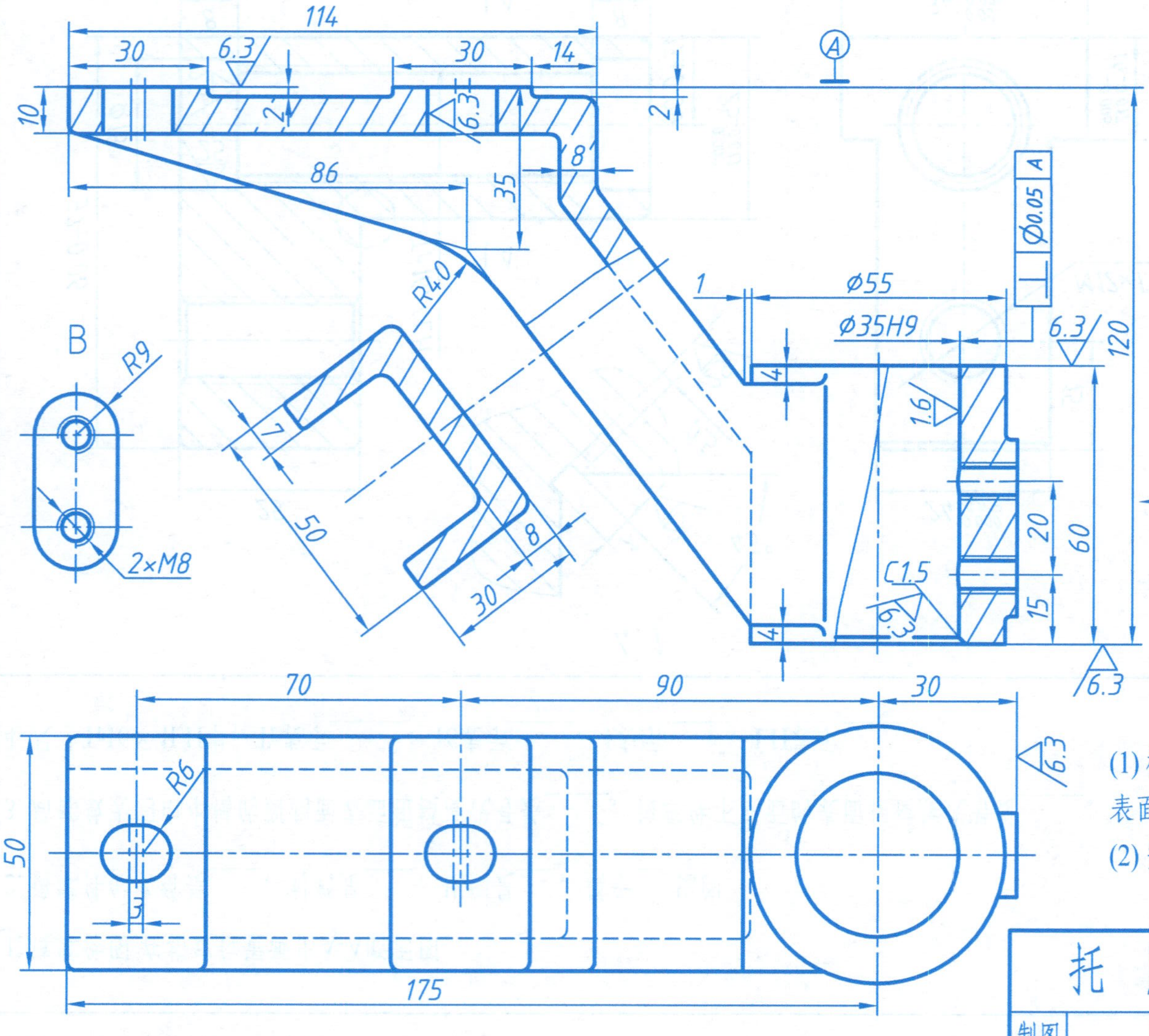

未注圆角R1～R3

读图问题

(1) 槽形肋板内外表面与φ55圆柱外表面产生哪些相交线?

(2) 安装板上2个孔为何为设计成长圆形?

比例		图号	
材料	HT150	数量	

托　脚

| 制图 | | | |
| 审核 | | | |

零件测绘

1. 内容

　　根据零件实物或零件立体图测绘零件，选择1或2个典型零件，用合适的图幅画出零件工作图。

2. 目的

(1) 训练零件的测绘方法。

(2) 进一步培养根据零件的结构特点，选择零件表达方案的能力。

(3) 熟悉零件尺寸的标注及技术要求的标注方法。

(4) 训练徒手绘图的能力。

3. 要求

(1) 零件表达方案选择合理，视图表达完整、清晰。

(2) 零件结构，特别是工艺结构合理、正确。

(3) 尺寸及技术要求等标注正确、完整。

4. 方法指导

(1) 仔细分析零件作用及结构特点，选择适当的表达方法，确定零件的表达方案。

(2) 凭目测按大致比例徒手绘制零件草图，注意零件草图决非潦草之图，其内容、要求与零件工作图完全一样，只是不用仪器、工具作图而已。

(3) 选用合适的测量工具进行测量，并边测量边标注零件尺寸。注意，对零件的标准结构要素(如工艺结构、螺纹、键槽、销孔等)的尺寸应查阅有关标准手册确定。

(4) 对零件草图进行认真检查、修改后，整理出零件工作图。

轴承座　　材料：HT150

各表面粗糙度参考：ϕ45孔　　　　　3.2▽

油杯孔　　　　　6.3▽

安装孔、左、右端面、倒角等其余加工面　　12.5▽

其余　　　　　▽

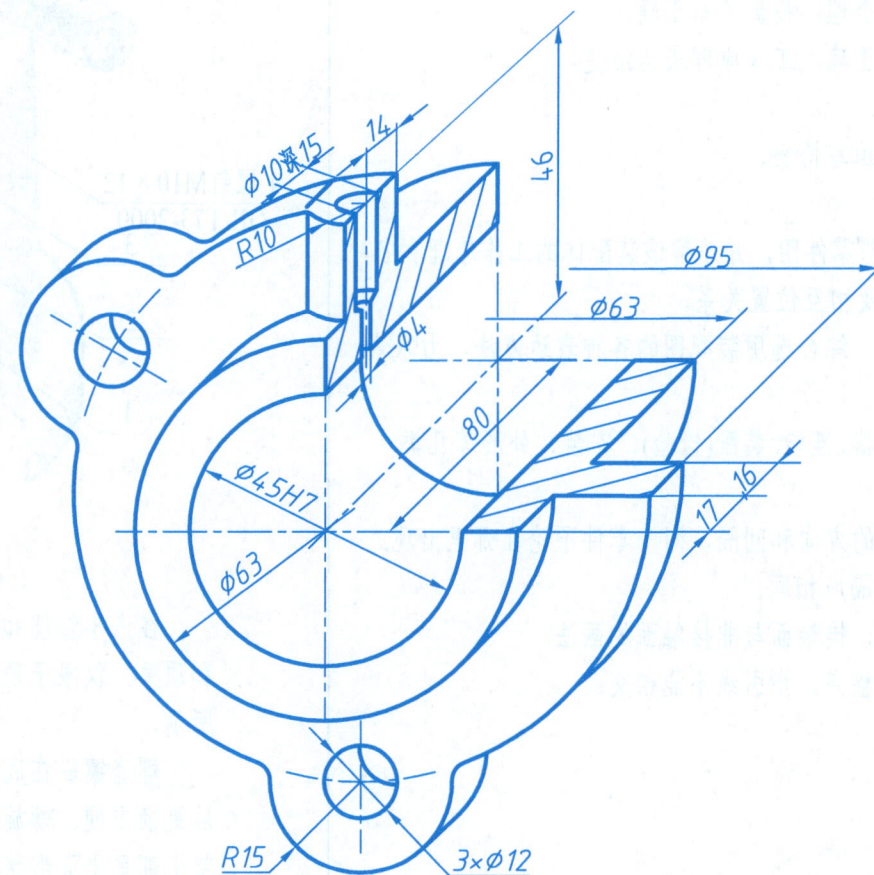

拼画装配图

1.内容

根据千斤顶的零件图和装配示意图，在A3图纸上按1:1的比例拼画装配图。

2.目的

熟悉和掌握装配图的内容及装配图表达的一般规定，掌握画装配图的方法、步骤，以及装配图的尺寸标注。

3.要求

(1) 视图表达方案简明合理，投影关系正确。

(2) 装配连接关系画法正确，工作原理表达清楚。

(3) 尺寸标注符合要求。

(4) 零件编号和明细表填写恰当。

4.方法指导

(1)画图前必须看懂全部零件图，并了解该装配体的工作原理和各零件间的连接关系及相互位置关系。

(2) 根据装配体的特点，综合选用装配图的各种表达方法，力求表达清晰、制图简便。

(3) 标注出装配体的规格、性能、装配(检验)、安装、外形等几类尺寸。

(4) 应特别注意剖面线的方向和间隔，同一零件不论在哪里出现，其剖面线方向和间隔应相同。

(5) 注意螺纹连接画法，接触面与非接触面的画法。

(6) 编号应按顺序排列整齐，指引线不能相交。

1.千斤顶

其余 ∜

7

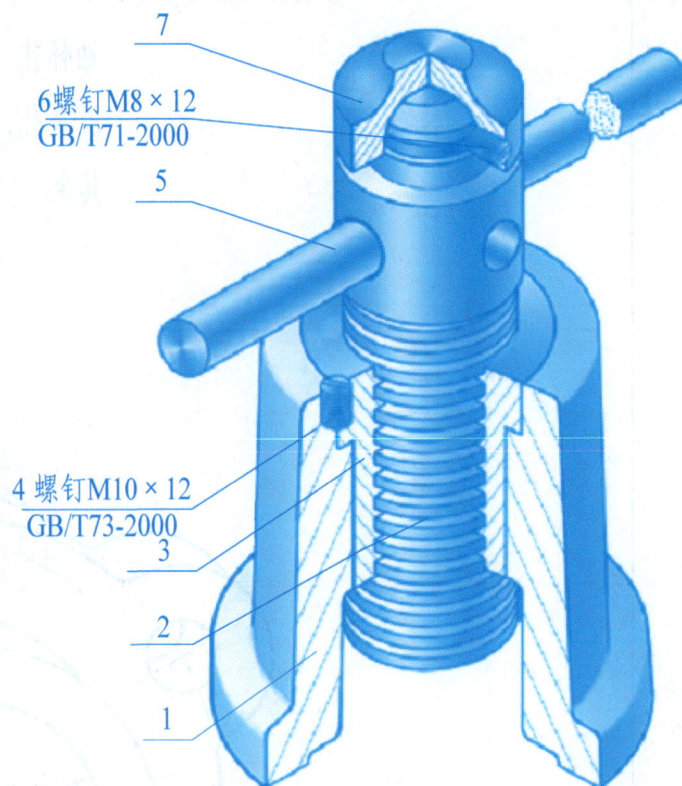

6螺钉M8×12
GB/T71-2000

5

4 螺钉M10×12
GB/T73-2000

3

2

1

工作原理

在汽车修理和机械安装工作中，常采用千斤顶来起重和顶举。仅限于顶举高度不高时使用，其装配关系如上图所示。

螺套镶嵌在底座里，用紧定螺钉定位，以备螺纹磨损后更换方便。螺旋杆顶部呈球面状，外面套一个顶垫，顶垫上部呈平面形状，放置要顶起的重物。顶垫用螺钉与螺旋杆连接而又不固定，目的是顶垫随螺旋杆一起转动时不致脱落。绞杆穿在螺旋杆上部的孔中。

工作时依靠螺纹传动，旋转绞杆，螺旋杆在螺套内做上下移动，重物即可顶起或下降。

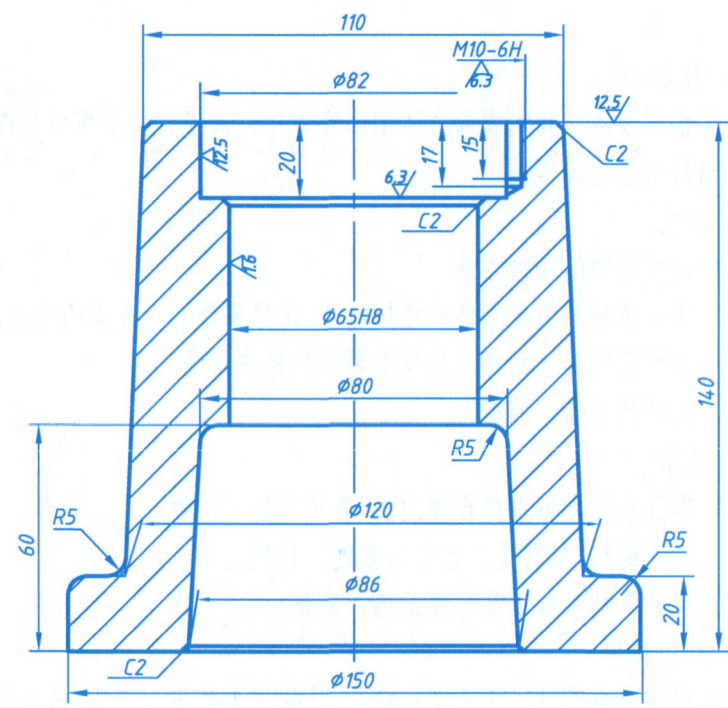

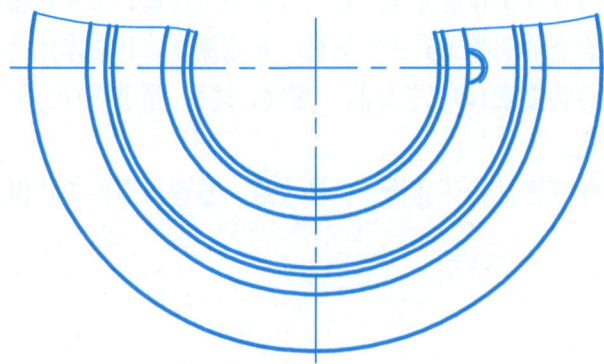

1	底 座	1	HT200	1:2
序号	名 称	数量	材 料	比例

其余 6.3

其余 6.3

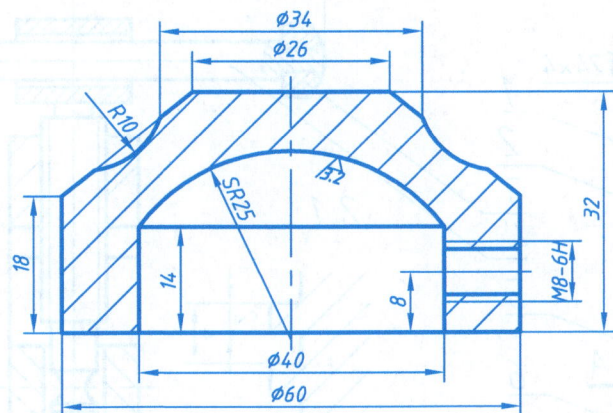

7	顶　垫	1	Q235	1:1
序号	名　称	数量	材　料	比例

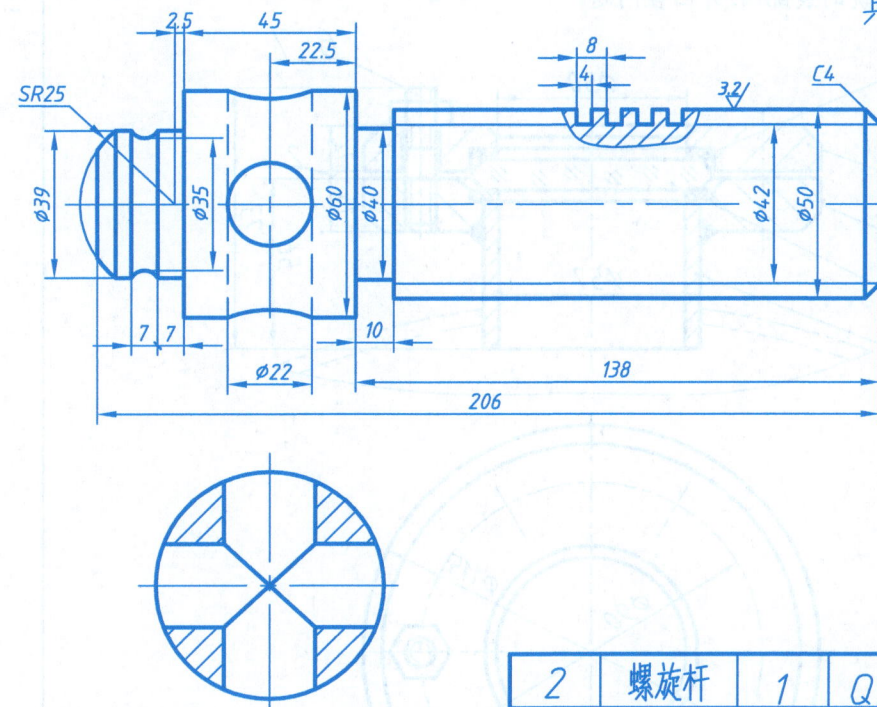

2	螺旋杆	1	Q235	1:2
序号	名　称	数量	材　料	比例

其余 6.3

6.3

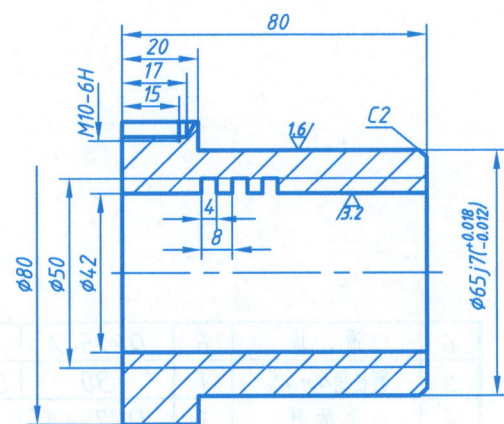

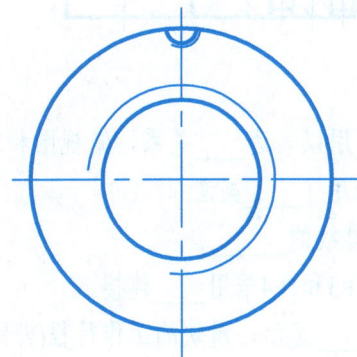

3	螺套	1	QT400-18	1:2
序号	名　称	数量	材　料	比例

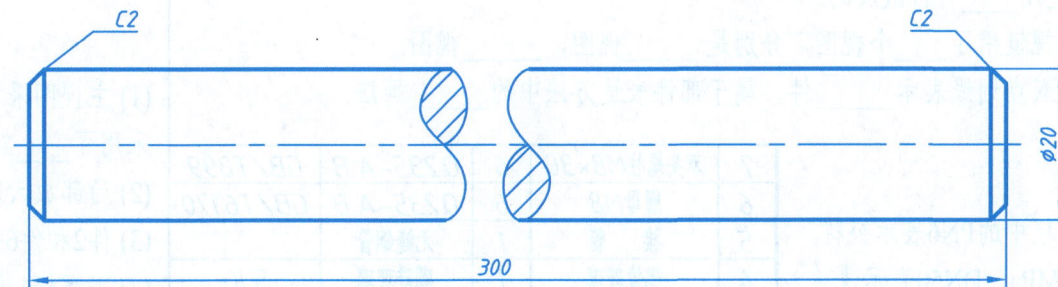

5	绞杆	1	Q235	1:1
序号	名　称	数量	材　料	比例

2. 读装配图

1. 看懂带颈视镜的装配图,并回答问题。

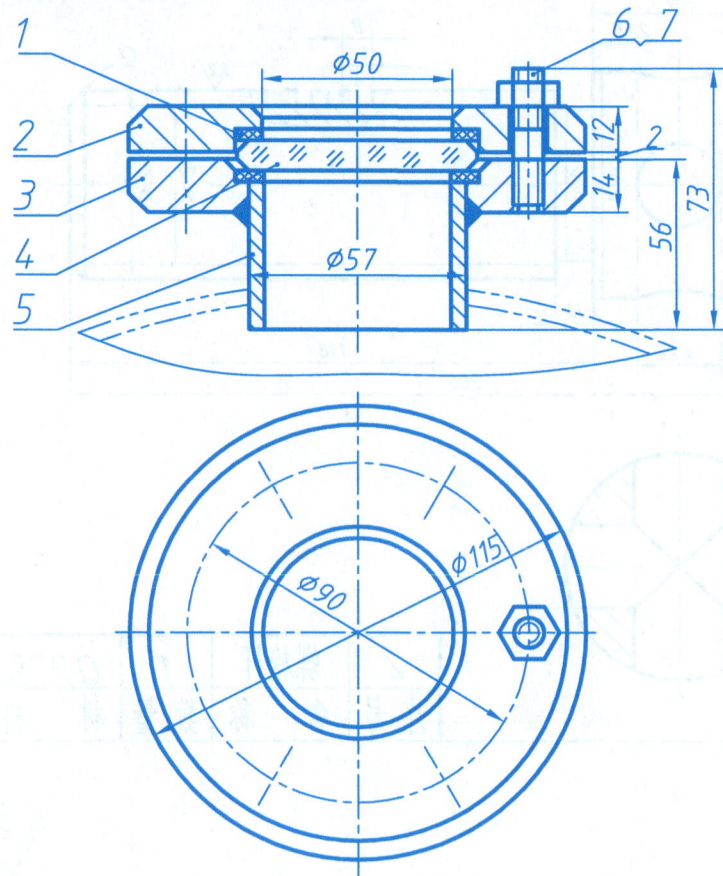

(1) 视镜由____种____个零件组装而成,件2和件3采用_____连接。

(2) 件4是用____材料做成的。

(3) 表达视镜用了____个视图,分别是_____视图,_____视图。

(4) 图中双点划线表示_____件,属于部件表达方法中的_____画法。

说明:

(1) 标题栏中的PN6表示公称压力0.6MPa,DN50表示法兰孔径为φ50。

(2) 视镜的主要用途是观察密闭压力容器中介质的工作情况。

7	双头螺柱M8×30	6	Q235-A.B	GB/T899
6	螺母M8	6	Q235-A.B	GB/T6170
5	接管	1	无缝钢管	
4	视镜玻璃	1	硼硅玻璃	SJG
3	接缘	1	Q235-A.B	
2	压紧环	1	Q235-A.B	
1	衬垫	2	石棉橡胶板	
序号	名称	数量	材料	备注

带颈视镜(PN6,DN50)		比例	1:2
		质量	
制图			

2. 看懂管钳的装配图,并回答问题。

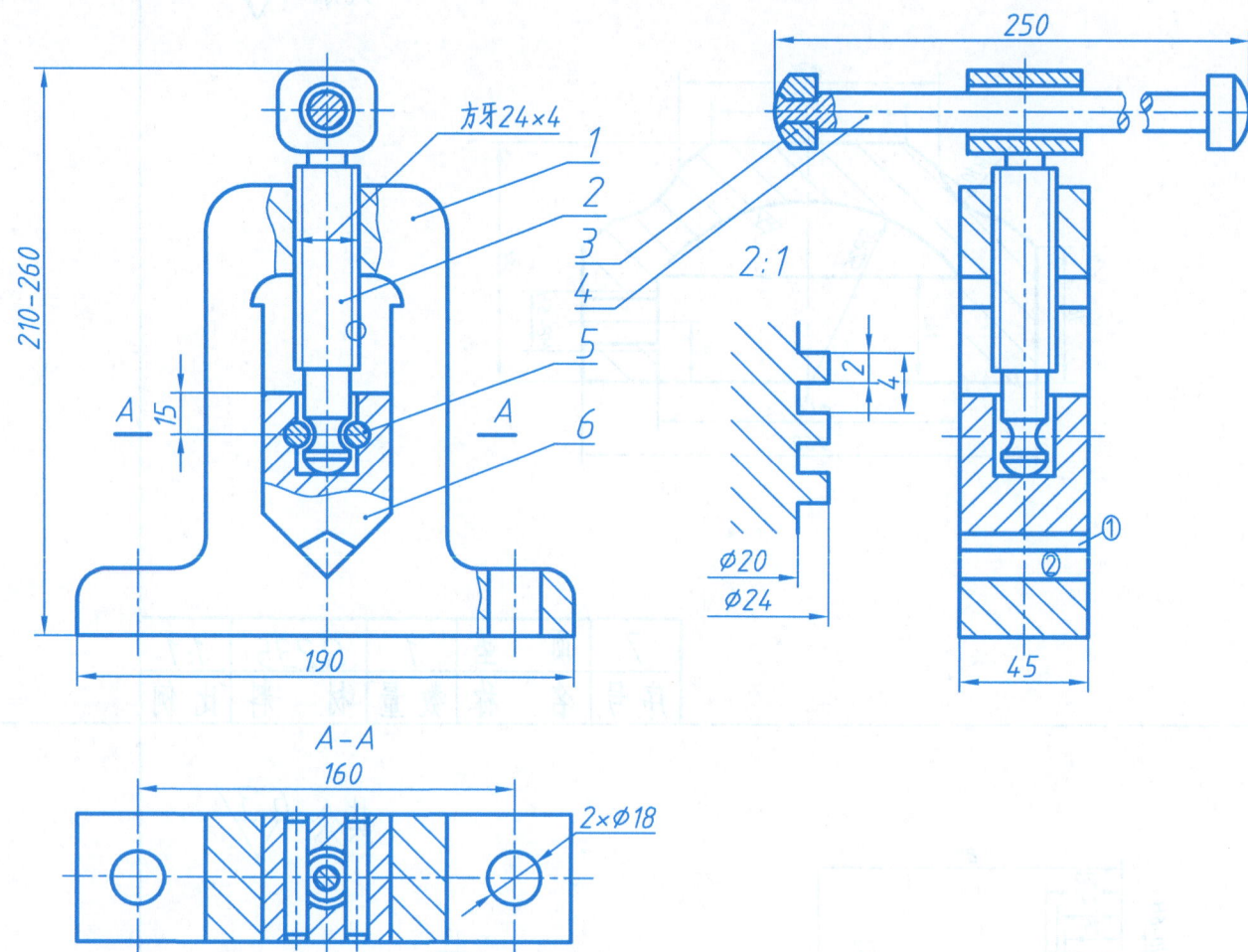

(1) 主视图采用了____剖视,用以表达____关系,俯视图和左视图采用了____剖视,左视图还采用了____画法。

(2) 局部放大图主要表达矩形螺纹的____。

(3) 件2和件6是用____连接,件3和件4采用____连接。

(4) 当螺杆4转动时,滑块6作____运动,滑块的工作行程(升降范围)是____mm。

(5) 管钳中件____和件____上有螺纹,是____螺纹。

(6) 管钳的总体尺寸是_____。

(7) 安装尺寸为_____。

(8) ①②分别是_____号零件的投影。

6	滑块	6	Q275-A	
5	圆柱销4×45	1	30	GB/T119.1
4	手柄杆	1	Q275-A	
3	套圈	1	Q235-A	
2	螺杆	1	Q235-A	
1	钳座	2	HT200	
序号	名称	数量	材料	备注

管　钳		比例	1:2.5
		质量	
制图			

3.读装配图,拆画零件图

根据装配图拆画零件图

1.内容

　在看懂装配图的基础上,分别拆画出指定零件的零件工作图。
任选一题用A3或A4图幅画出零件工作图。

2.目的

(1) 熟悉由装配图拆画零件图的方法和步骤。

(2) 进一步提高读图能力和综合运用所学知识的能力。

3.要求

(1) 拆画的零件图,要求表达完整、清楚、简明合理。

(2) 零件结构完整、合理,能满足设计性能和工作要求。

(3) 尺寸和技术要求标注完整、正确。

4.方法指导

(1) 看懂装配图,并分析零件间的功能和结构。

(2) 按剖面线方向和投影关系分离出被拆零件。

(3) 对零件尚未表达清楚和被遮挡的部分,应根据零件的功用
和使用要求进行再设计。

(4) 对零件上的标准结构要素,要查有关标准手册确定。

(5) 根据零件结构特点,重新选择表达方案,并按零件的画图
方法与步骤画出零件工作图。

1.看懂夹线体装配图,并拆画件2夹套的零件工作图。

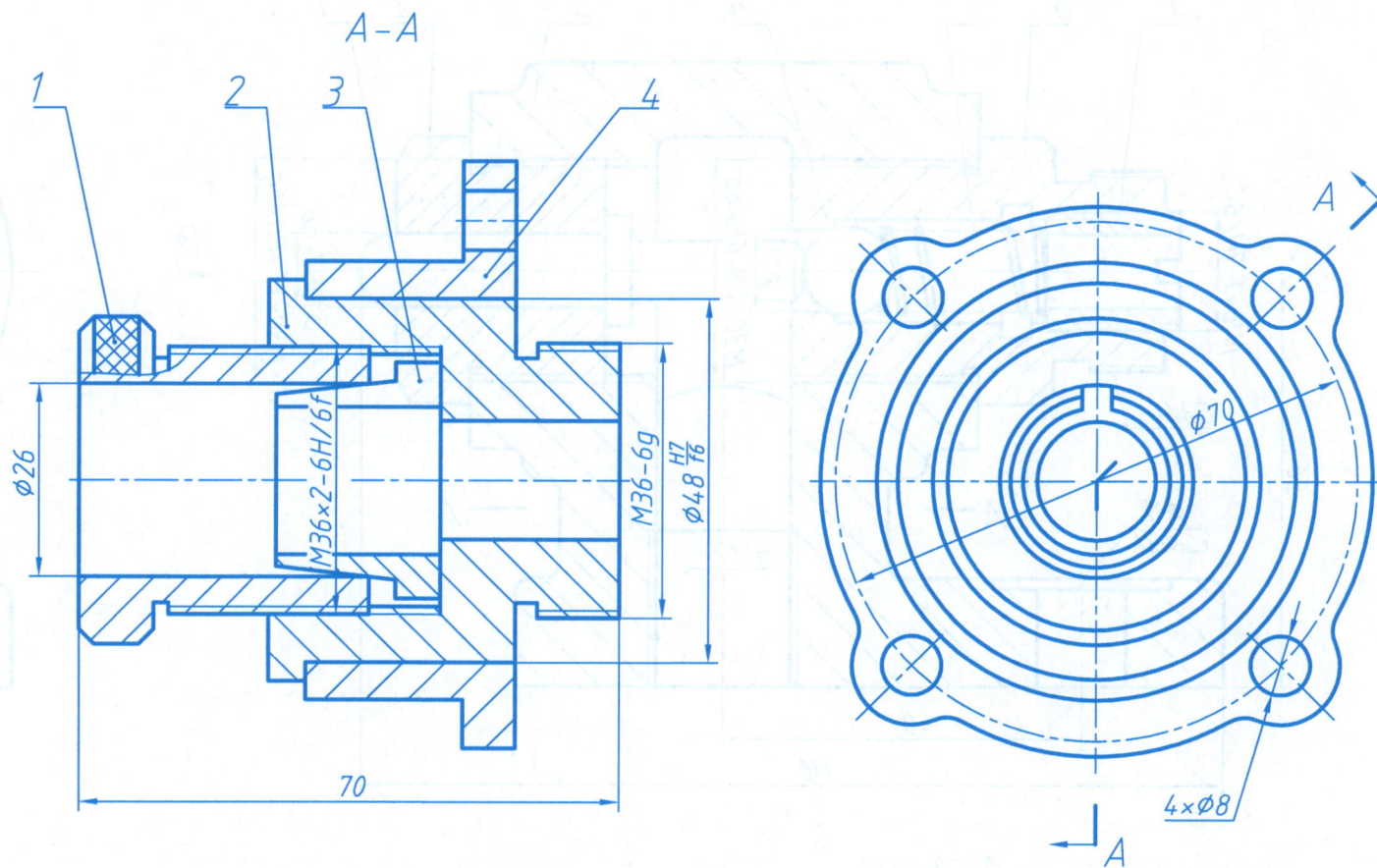

工作原理

　夹线体是将线穿入衬套3中,然后旋转手动压套1,通
过螺纹M36×2使衬套向中心收缩(衬套上有开口),从而
夹紧线体,当衬套夹住线后,还可以与手动压套1、夹套
2一起在盘座4的 ϕ48孔中旋转。

4	盘 座	1	45	
3	衬 套	1	Q235	
2	夹 套	1	Q235	
1	手动压套	1	Q235	
序号	名 称	数量	材 料	备 注

夹 线 体	比例	1:1
	质量	

| 制图 | | |
| 审核 | | |

2.看懂阀的装配图,并拆画件6的零件工作图。

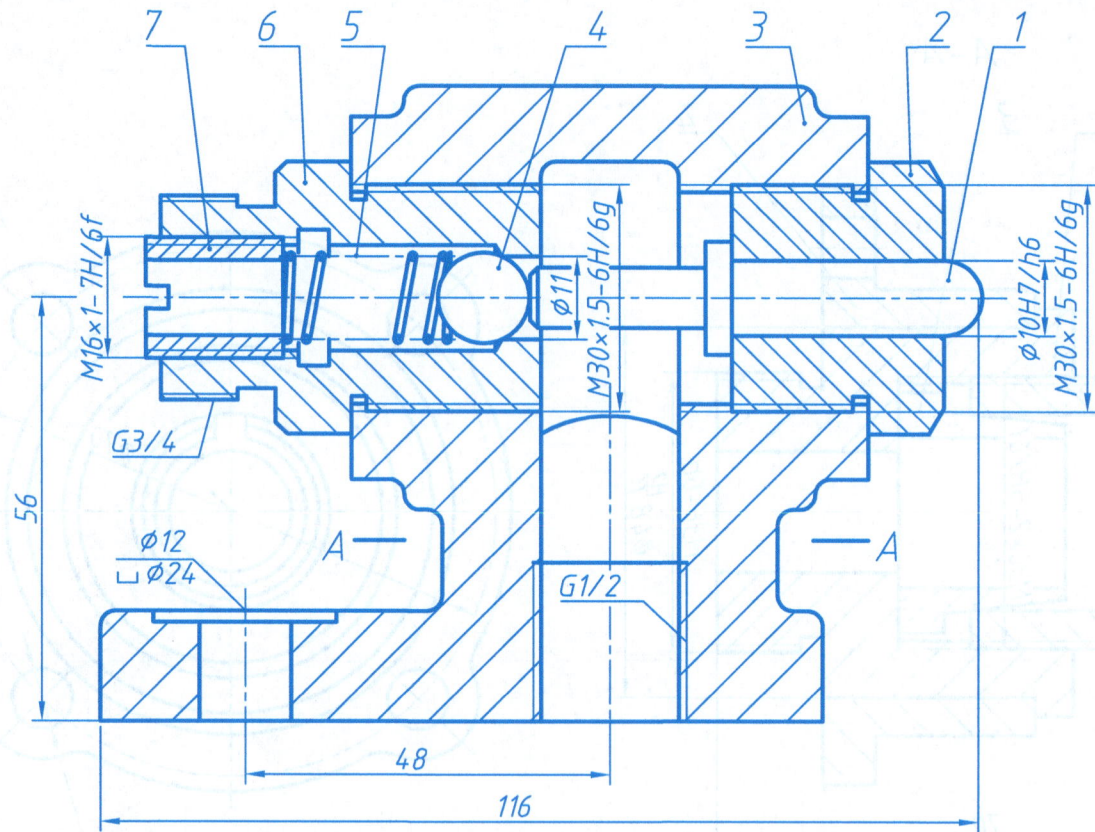

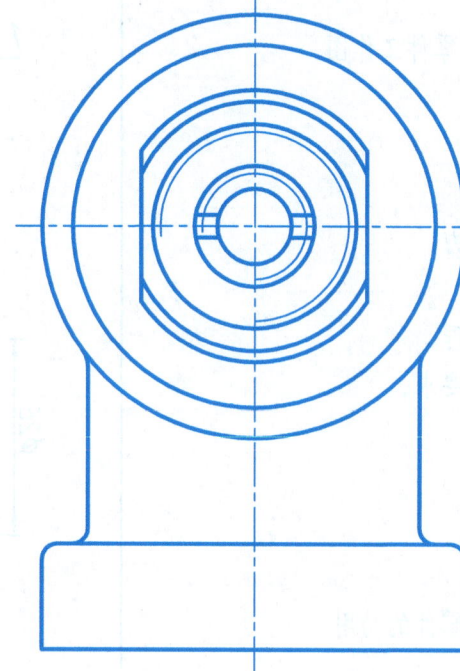

B(件2)

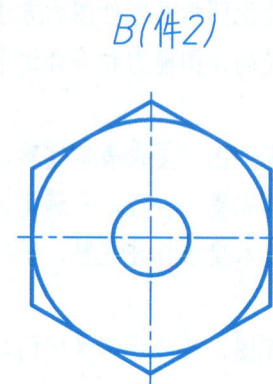

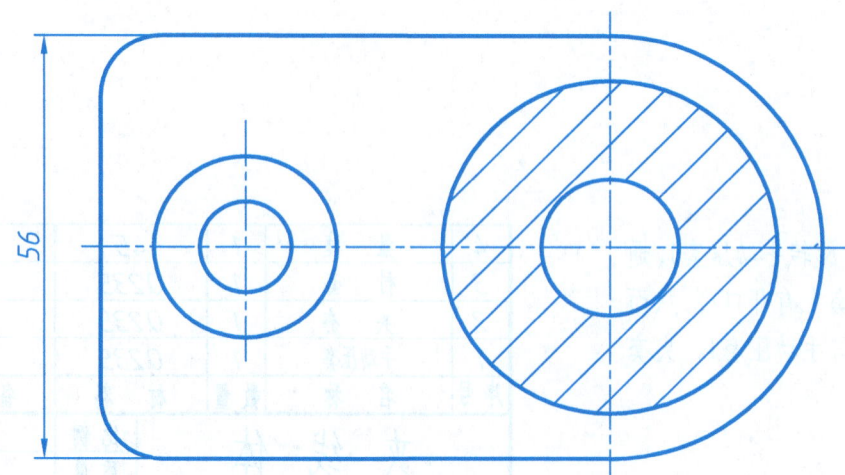

A-A

工作原理
　　阀安装在管路系统中,用以控制管路的"通"与"不通"。当杆1受外力作用向左移动时,钢珠4压缩压簧5,阀门被打开。当去掉外力时,钢珠在弹簧力的作用下,将阀门关闭。

7	旋 塞	1	30	
6	管接头	1	30	
5	YA1×12×26	1	50	n=8,n1=10.5
4	钢 珠	1	45	
3	阀 体	1	HT250	
2	塞 子	1	30	
1	杆	1	30	
序号	名 称	数量	材 料	备 注

阀		比例	1:1
		质量	
制图			
审核			

件9A

件3 B-B

技术要求

1. 装配前各零件均需清洗干净;
2. 装配后应进行试验过滤, 输出空气含水量和水分等必须达到空气压缩的进气标准时方可投入使用。

9	过滤器体	1	HT200	
8	垫片∅45/∅30 δ=2	1	橡胶	
7	垫片∅58/∅50 δ=2	1	橡胶	
6	多孔陶瓷管∅44/∅30	1	陶瓷	
5	垫片∅44/∅11 δ=2	1	橡胶	
4	压板∅44/∅11 δ=2	1	Q235	
3	空心螺钉	1	Q235	
2	分离容器	1	HT200	
1	针型阀杆	1	Q235	
序号	名称	数量	材料	备注

空气过滤器

				比例	1:1
				质量	
制图					
审核					

工作原理

空气过滤器用于除去空气中的水分、灰尘、油污等杂质, 其工作原理是: 空气从输入口进入过滤器体(件9), 通过空心螺钉(件3)进入分离容器(件2), 再经过多孔陶瓷管(件6)过滤, 过滤后的洁净气体从过滤器体输出口输出, 再进行空气压缩。

被输出滤出的水分、污物沉积于分离容器(件2)的底部, 放松针型阀杆(件1), 水分、污物等从小孔排出。

3. 看懂空气过滤器的装配图, 并拆画出过滤器体9的零件工作图。

输出

输入

M12×1.5-6H/6h

M60×2+6H/6h

M10×1-6H/6h

M10×16H/6h

M12×1.5-6H

∅3

60

A

B—B

R14

33

16

按指定比例,抄画收发室的平、立、剖面图。

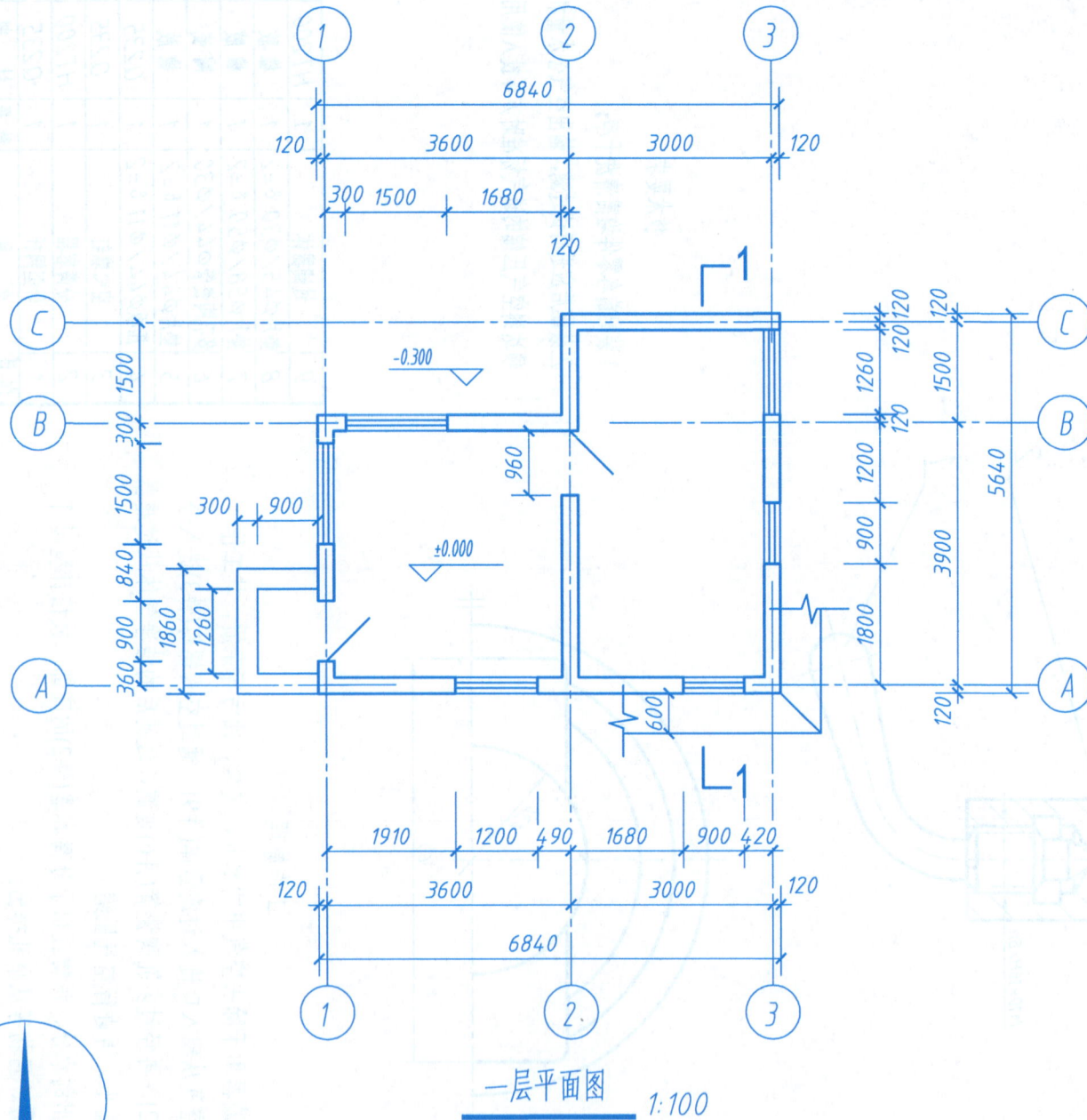

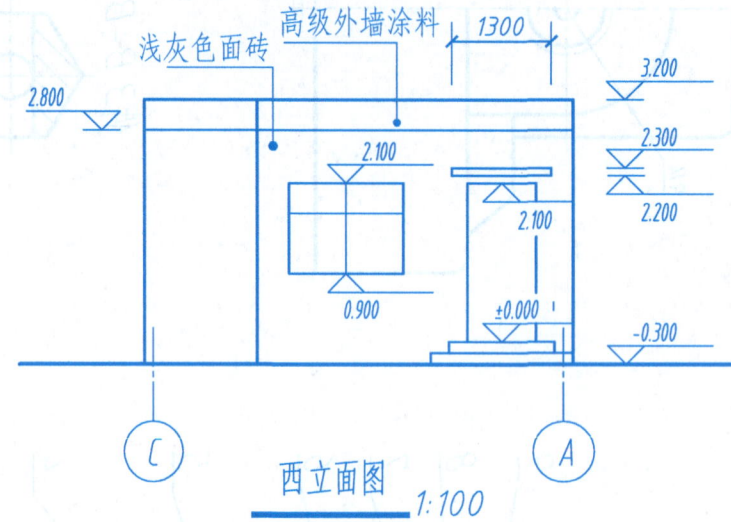

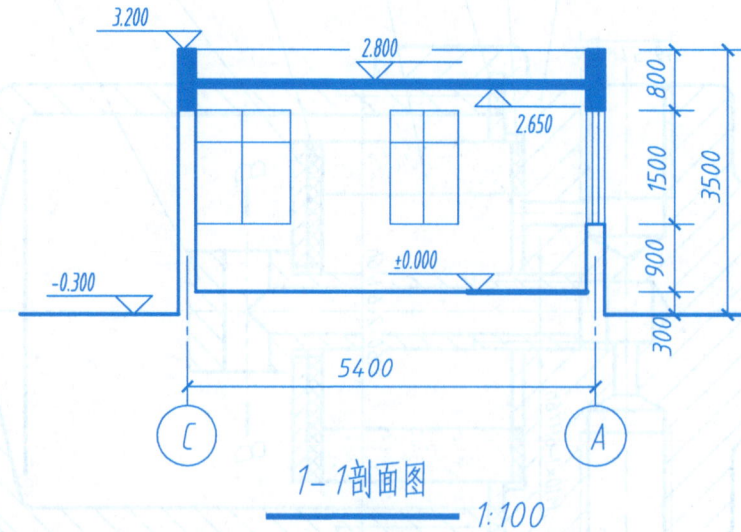

6840
120 3600 3000 120
300 1500 1680
120

高级外墙涂料 1300
浅灰色面砖
2.800
3.200
2.100
2.300
2.100 2.200
0.900 ±0.000
-0.300

西立面图 1:100

-0.300
960
300 900
±0.000
360 900 840 1860 1260

1260 120 120
120
1500
1200 900
3900
5640
1800
120

1-1

1910 1200 490 1680 900 420
600
120 3600 3000 120
6840

一层平面图 1:100

3.200
2.800
2.650
1500 800
3500
-0.300 ±0.000
900 300
5400

1-1剖面图 1:100

收发室平、立、剖面图
比例
图号
制图
审核

参 考 文 献

[1] 刘小年.郭纪林.工程制图习题集[M].1 版.北京：高等教育出版社,2005.

[2] 杨惠英.王玉坤.机械制图[M].3 版.北京：清华大学出版社,2011.